U0654839

A MESSAGE TO GARCIA

寻找加西亚

《把信送给加西亚》
（云享版）

【美】阿尔伯特·哈伯德/著
李春蕾/编著

中华工商联合出版社

图书在版编目（CIP）数据

寻找加西亚 / 李春蕾编著 . -- 北京 : 中华工商联合出版社 , 2018.11（2024.2重印）

ISBN 978-7-5158-2430-7

Ⅰ . ①寻… Ⅱ . ①李… Ⅲ . ①职业道德 - 通俗读物 Ⅳ . ① B822.9-49

中国版本图书馆 CIP 数据核字（2018）第 240944 号

寻找加西亚

作　　者 : 李春蕾
绘　　图 : 张　苗　胡安然　钟　伟
策划编辑 : 王宝平　于建廷
责任编辑 : 于建廷　臧赞杰
责任审读 : 傅德华
营销总监 : 姜　越　郑　奕
营销企划 : 张　朋　徐　涛
营销推广 : 闫丽丽
封面设计 : 周　源
责任印制 : 迈致红
出　　版 : 中华工商联合出版社有限责任公司
发　　行 : 中华工商联合出版社有限责任公司

印　　刷 : 三河市同力彩印有限公司
版　　次 : 2019 年 1 月第 1 版
印　　次 : 2024 年 2 月第 2 次印刷
开　　本 : 880mm×1230 mm　1/32
字　　数 : 180 千字
印　　张 : 8
书　　号 : ISBN 978-7-5158-2430-7
定　　价 : 69.00 元

服务热线 : 010-58301130
团购热线 : 010-58302813
地址邮编 : 北京市西城区西环广场 A 座
　　　　　19-20 层，100044
Http : //www.chgslcbs.cn
E-mail : cicap1202@sina.com（营销中心）
E-mail : y9001@163.com（第七编辑室）

工商联版图书
版权所有　盗版必究

凡本社图书出现印装质量问题，
请与印务部联系。
联系电话 : 010-58302915

|目 录|

上篇

罗文简史

A Message to Garcia

人物介绍

安德鲁·罗文

安德鲁·罗文，美国弗吉尼亚州人，1881 年毕业于西点军校。作为一名军人，在美西战争期间，他受时任美国总统麦金利的命令，在美国陆军情报局的配合下，完成了一项重要的军事任务——把信送给古巴起义军首领加西亚将军，因其出色的表现，后来被授予杰出军人勋章。

完成送信任务立功后，罗文曾服役于菲律宾，因为作战勇猛而屡受嘉奖。退役之后，他在旧金山度过了余生，于 1943 年 1 月 10 日逝世，享年 85 岁。

罗文上校的英勇事迹通过《把信送给加西亚》一书以不同的方式在世界范围内广泛流传，成为敬业、服从、忠诚、勤奋的象征。《把信送给加西亚》一书也因为罗文上校的英勇事迹而成为有史以来最畅销的书籍之一。

本书所推崇的关于敬业、服从、忠诚、勤奋的观念影响了一代又一代人！

加西亚

加西亚是古巴革命英雄，是古巴反抗西班牙殖民统治（1868 年—1878 年的十年独立战争）的起义军领导人。他因为自己的反抗活动而被捕入狱，直到 1878 年年底才获释，但恢复自由后很快又被捕。1895 年，他到了美国，作为古巴起义军的首领，在美西战争中发挥了重要作用。他于 1898 年在华盛顿去世，是与美国总统麦金利商讨古巴事宜的委员会成员之一。

阿尔伯特·哈伯德与《把信送给加西亚》

1856 年，阿尔伯特·哈伯德，出生在美国伊利诺伊州的布鲁明顿，曾经做过教师、出版商、编辑和演说家，1895 年，在纽约东奥罗拉创立了 Roycrofters 公司，制造和销售各种手工艺品，随后又开设了一家印刷装订厂。1899 年，哈伯德根据安德鲁·萨默斯·罗文的英勇事迹，创作了鼓舞人心的《把信送给加西亚》一文。其出生地后来因 Roycrofters 公司所出版、印刷、发行的优质出版物而闻名于世。

在经营 Roycrofters 公司时，阿尔伯特·哈伯德自创出版了两本杂志：《菲士利人》和《兄弟》。实际上，杂志中许多文章都出自哈伯德的手笔。除了写作、出版,哈伯德还致力于公众演讲,取得了不俗的成就。

1899 年,阿尔伯特·哈伯德根据安德鲁·萨默斯·罗文的英勇事迹,创作了《把信送给加西亚》,发表在《菲士利人》杂志上,引起了全世界的强烈轰动,这本小册子在世界各地广为流传,全球销量超过 8 亿册,成为有史以来世界上最畅销的读物之一,列入全球最畅销图书排行榜第六名。《把信送给加西亚》的巨大成功,是哈伯德始料未及的。

哈伯德终生坚持不懈、勤奋努力地工作,不断地践行《把信送给加西亚》中的信条。然而,1915 年,哈伯德和他的妻子乘坐路西塔尼亚号客轮出行时,客轮在爱尔兰海遭水雷击沉,哈伯德夫妇不幸随轮船沉入海底,这时他的事业正处在辉煌的上升期。

一切,结束得太早了。

把信送给加西亚（中文译本）

在所有与古巴有关的记忆中，有一个人总能脱颖而出，他就是罗文。1898 年，西班牙和美国爆发战争，美国急需与古巴起义军领袖加西亚将军建立联系，但是加西亚在古巴的深山密林中作战，没有人知道他的具体位置，美国无法通过邮件和电报联系到他。面对紧迫的战争，美国总统麦金利必须尽快与加西亚将军取得合作。

怎么办？

有人对美国总统说："如果有人能为您找到加西亚将军的话，那这个家伙一定是罗文。"

罗文被找来，拿到一封给加西亚将军的信。这个叫罗文的"家伙"把信用油皮纸袋密封好，紧紧地贴心放好。然后他乘坐一条敞篷小船出发了。历经四天，罗文在古巴海岸登陆，然后一头钻进了古巴茂密的丛林里。克服种种险阻，在这个危机四伏的地方徒步穿行了三个星期后，罗文到达了古巴岛的另一端，找到了加西亚将军，成功地把信送到了。

这里，我无意讲述罗文送信的细节，我想强调的是，在麦金利总统把给加西亚将军的信交给罗文时，罗文接过信并没有问：加西亚将军在哪里？怎样才能找到他？我能得到什么帮助？……这里只有任务和马上行动，而且最后完美地完成任务。像罗文这样的人，应该为他塑一座不朽的雕像，竖立在美国各所高校里。年轻人需要的不仅是书本知识或者这样那样的教导，更需要一种能让他们挺起脊梁的精神，这会让他们对信任忠诚、立即采取行动、全心全意去完成任务，这种精神就是——"把信交给加西亚"。

加西亚将军已经过世了，我们不用再给他送信了，但还有很多"加西亚"需要我们"送信"。

所有苦心经营一家公司，手下有很多员工的企业家都曾一次又一次为普通员工的愚蠢感到震惊——不是无能，而是不愿集中精力去做一件事情。

亲爱的读者，你们可以想象一下：你现在坐在办公室里，有 6 名员工在打电话联系业务。随便找一个员工给他一项任务："你去《百科全书》里查一下，给我写一个关于柯勒乔生平的简短备忘录。"

那个员工会镇静地说"好的，老板"，然后去执行任务吗？

这完全不可能。他会面目呆滞地看着你，问你下面的一个或几个问题：

柯勒乔是谁？

哪本《百科全书》？

《百科全书》在哪里？

这在我的工作职责内吗？

您说的不是俾斯麦吧？

为什么不让查理去做呢？

这个人死了吗？

这件事急不急？

我可不可以把书拿过来您自己查？

您想知道什么？

我可以和你打赌，输一赔十，你回答完这些问题，告诉他怎么去查、你要这些资料有什么用之后，那个员工会出去找另一个员工来帮助他完成你布置的任务——然后回来告诉你根本没这个人。当然我可能赌输，但按照大数定律我不会输。

当然，如果你能够看得很清楚的话，你是不会对你的员工解释在哪里可以查到查理的信息，而是会微笑着说："不用了，你出去工作吧。"你要做的是自己把这个工作完成。

这种行为的被动，道德的愚行，意志上的懈怠和惰性，还有这种姑息的作风，如果放任蔓延的话，这个社会可能会陷入崩溃沦陷的危险境地。如果人们为了自己都无法自动自发地主动行动，他们又怎么可能会因为他人而有所作为呢？

比如，你刊登招聘启事，需要招聘一名速记员，然而，你会发现来应聘的人中，很多人连基本的拼写都难以很好地完成，甚至可能他们自己都不认为这应该是作为一名速记员的必要条件。

　　我们能指望这样的人"把信送给加西亚"吗？

　　曾经，在一家大型公司里，一个公司管理者指着一个人对我说："你看那个职员。"

　　"我看到了，他怎么了？"

　　"他是一个很不错的会计，但是，如果我派他到城里去办事的话，他可能完成任务，也可能在路上东逛西逛，等到市区的时候，就完全忘记自己是去干什么的了。"

　　这种人你能派他去"把信送给加西亚"吗？

　　对于那些拿着微薄的工资日复一日辛苦工作的工人，为求温饱而背井离乡的人，很多人会表示同情，同时把那些雇主骂得体无完肤。

　　但是，从来没有人提到过，那些雇主付出很大精力，花费时间去敦促那些不求上进的懒虫们积极主动起来，去提升自己来做点需要更多脑力的工作；也从来没有人提到，为了让那些没有人监管就投机取巧、敷衍了事的员工勤奋起来，有多少雇主付出极大的耐心和努力。

　　在每个商店、工厂、企业里，都有一个不断淘汰的过程。对于那些没有能力增加企业利益的员工，老板们会不断淘汰掉，而那些有能力的员工则被留下。无论什么时候，无论经济景气不景气，这种淘汰机制都一直存在。尤其是，当公司经营艰难、就业机会不多时，这种淘汰就体现得更加明显——那些不能胜任工作、没有能力、不值得留下的人，都被公司拒之门外，只有最能干的人，才会被留下来。

这就是适者生存。为了自己的利益，每个老板都只会留下那些最好的员工——那些能"把信送给加西亚"的人。这就是一个优胜劣汰的过程。

我认识一个人，虽然他非常聪明，但却无法很好地管理自己的事情，对他人来说这个人没有太大价值，因为他老是疯狂地怀疑他的雇主在压榨他，或者存心要压迫他。他没有能力管理其他人，也不愿意被别人管。如果你让他去"把信送给加西亚"，他的回答极有可能是："你自己去吧。"

现在，这名男子走在街上寻找工作，风吹过他身上的破旧外套。认识他的人没有敢雇用他的，因为他是一个经常不满的易怒者。他不懂道理，他考虑的只有自己。

当然，我知道，这种道德不健全的人比那些肢体不健全的人更不值得同情。不过，我们更应该对那些付出毕生精力经营一个企业的人报以同情，别人下班了，他们仍然在工作；他们华发早生，因为要付出很大的心血管理那些对工作心不在焉、偷懒懈怠、毫无感恩之心的员工。我们要知道，如果没有他们的努力和心血，那些员工可能会挨饿并无家可归。

我是不是说得言过其实了？有可能吧。但是，就算整个世界变成了贫民窟，四周都是落魄之人，我也要为成功者说几句公道话——他们不畏艰难，顶着管理下属的种种烦恼和压力，终于他们成功了；但成功后却发现：不过是一场虚无，下属们为公司干活不过是为了衣食住行而已。

　　我也曾经为了一日三餐而替他人工作，也曾作为老板为他人提供解决一日三餐的工作，我深知两者之间的酸甜苦辣。贫穷没什么好的，更加不值得推崇，衣衫褴褛没有什么值得炫耀和骄傲的。我们要知道并非所有的老板都是所谓的"剥削者"，集贪婪、专横于一身，还采取高压手段压榨员工，就像并非所有的穷人都是良善之辈一样。

　　我从内心欣赏那些老板不在的时候仍然认真工作以及回到家里仍心系工作的人。那些接受了"给加西亚送信"的任务，只是默默地把"信"收下而不去问任何愚蠢的问题，也没有暗地里打算回头就把"信"扔进附近下水道里，而是一心一意地去送信的人，永远不会被炒鱿鱼，也永远不用靠罢工去争取提薪。整个漫长的人类文明史都在焦急地找寻这样的人，这样的人所有的要求都应该得到满足，他们是如此珍稀，任何老板失去他们都会损失惨重。

　　每个城市、村镇，每个办公室、每个商店和企业都需要这样的人，整个世界都在呼唤，呼唤那个能"给加西亚送信"的人。

《把信送给加西亚》英文原稿

A Message to Garcia

By Elbert Hubbard

In all this Cuban business, there is one man stands out on the horizon of my memory like Mars at perihelion. When war broke out between Spain & the United States, it was very necessary to communicate quickly with the leader of the Insurgents. Garcia was some where in the mountain vastness of Cuba—no one knew where. No mail nor telegraph message could reach him. The President must secure his cooperation, and quickly.

What to do!

Someone said to the President, "There's a fellow by the name of Rowan will find Garcia for you, if anybody can."

Rowan was sent for and given a letter to be delivered to Garcia. How "the fellow by the name of Rowan" took the letter, sealed it up in an oil-skin pouch, strapped it over his heart, in four days landed by night off the coast of Cuba from an open boat, disappeared into the jungle, and in three weeks came out on the other side of the Island, having traversed a hostile country on foot, and delivered his letter to Garcia, are things I have no special desire now to tell in detail.

The point I wish to make is this: McKinley gave Rowan a letter to be delivered to Garcia; Rowan took the letter and did not ask, "Where is he at?" By the Eternal! There is a man whose form should be cast in deathless bronze and the statue placed in every college of the land. It is not book-learning young men need, nor instruction about this and that, but a stiffening of the vertebrae which will cause them to be loyal to a trust, to act promptly, con-centrate their energies: do the thing— "Carry a message to Gar-cia!"

General Garcia is dead now, but there are other Garcias.

No man, who has endeavored to carry out an enterprise where many hands were needed, but has been well nigh appalled at times by the imbecility of the average man—the inability or unwillingness to concentrate on a thing and do it. Slipshod as-sistance, foolish inattention, dowdy indifference, and half-hearted work seem the rule; and no man succeeds, unless by hook or crook, or threat, he forces or bribes other men to assist him; or mayhap, God in His goodness performs a miracle, and sends him an Angel of Light for an assistant. You, reader, put this matter to a test: You are sitting now in your office—six clerks are within call.

Summon any one and make this request: "Please look in the encyclopedia and make a brief memorandum for me concerning the life of Correggio".

Will the clerk quietly say, "Yes, sir!" and go do the task?

On your life, he will not. He will look at you out of a fishy eye and ask one or more of the following questions:

Who was he?

Which encyclopedia?

Where is the encyclopedia?

Was I hired for that?

Don't you mean Bismarck?

What's the matter with Charlie doing it?

Is he dead?

Is there any hurry?

Shan't I bring you the book and let you look it up yourself?

What do you want to know for?

And I will lay you ten to one that after you have answered the questions, and explained how to find the information, and why you want it, the clerk will go off and get one of the other clerks to help him try to find Garcia—and then come back and tell you there is no such man. Of course I may lose my bet, but according to the Law of Average, I will not.

Now if you are wise you will not bother to explain to your "assistant" that Correggio is indexed under the C's, not in the K's, but you will smile sweetly and say, "Never mind," and go look it up yourself.

And this incapacity for independent action, this moral stupid- ity, this infirmity of the will, this unwillingness to cheerfully catch hold and lift, are the things that put pure Socialism so far into the future. If men will not act for themselves, what will they do when the benefit of their effort is for all? A first-mate with knotted club seems necessary; and the dread of getting "the bounce" Saturday night, holds many a worker to his place.

Advertise for a stenographer, and nine out of ten who apply, can neither spell nor punctuate—and do not think it necessary to.

Can such a one send a letter to Garcia?

"You see that bookkeeper," said the foreman to me in a large factory.

"Yes, what about him?"

"Well he's a fine accountant, but if I'd send him up town on an errand, he might accomplish the errand all right, and on the other hand, might stop at four saloons on the way, and when he got to Main Street, would forget what he had been sent for."

Can such a man be entrusted to carry a message to Garcia?

We have recently been hearing much maudlin sympathy expressed for the " downtrodden denizen of the sweat-shop" and the " homeless wanderer searching for honest employment," & with it all often go many hard words for the men in power.

Nothing is said about the employer who grows old before his time in a vain attempt to get frowsy never-do-wells to do intelligent work; and his long patient striving with "help" that does nothing but loaf when his back is turned. In every store and factory there is a constant weeding-out process going on. The employer is constantly sending away "help" that have shown their incapacity to further the interests of the business, and others are being taken on. No matter how good times are, this sorting continues, only if times are hard and work is scarce, the sorting is done finer—but out and forever out, the incompetent and unworthy go.

It is the survival of the fittest. Self-interest prompts every employer to keep the best— those who can carry a message to Garcia.

I know one man of really brilliant parts who has not the

ability to manage a business of his own, and yet who is absolutely worthless to anyone else, because he carries with him constantly the insane suspicion that his employer is oppressing, or intend—ing to oppress him. He cannot give orders; and he will not receive them. Should a message be given him to take to Garcia, his answer would probably be, "Take it yourself."

Tonight this man walks the streets looking for work, the wind whistling through his threadbare coat. No one who knows him dare employ him, for he is a regular fire—brand of discontent. He is impervious to reason, and the only thing that can impress him is the toe of a thick—soled No. 9 boot.

Of course I know that one so morally deformed is no less to be pitied than a physical cripple; but in our pitying, let us drop a tear, too, for the men who are striving to carry on a great enter—prise, whose working hours are not limited by the whistle, and whose hair is fast turning white through the struggle to hold in line dowdy indifference, slipshod imbecility, and the heartless in—gratitude, which, but for their enterprise, would be both hungry & homeless.

Have I put the matter too strongly? Possibly I have; but when all the world has gone a—slumming I wish to speak a word of sympathy for the man who succeeds—the man who, against great odds has directed the efforts of others, and having succeeded, finds there's nothing in it: nothing but bare board and clothes.

I have carried a dinner pail & worked for day's wages, and I have also been an employer of labor, and I know there is something to be said on both sides. There is no excellence, perse, in poverty; rags are no recommendation; and all employers are not rapacious and high-handed, any more than all poor men are virtuous.

My heart goes out to the man who does his work when the "boss" is away, as well as when he is at home. And the man who, when given a letter for Garcia, quietly take the missive, without asking any idiotic questions, and with no lurking intention of chucking it into the nearest sewer, or of doing aught else but deliver it, never gets "laid off," nor has to go on a strike for higher wages. Civilization is one long anxious search for just such individuals. Anything such a man asks shall be granted; his kind is so rare that no employer can afford to let him go. He is wanted in every city, town and village—in every office, shop, store and factory. The world cries out for such: he is needed, and needed badly—the man who can carry a message to Garcia.

《把信送给加西亚》的由来（原作者序）

一天晚饭后，我仅仅用了一个小时就写完了这本小册子。那是 1899 年 2 月 22 日，正值华盛顿诞辰日，其时，三月份的《菲士利人》正在紧张地筹备出版。

辛苦忙碌一天，利用一点闲暇时间写出这本小册子之后，我心潮澎湃。我被自己写出的文字震撼着，当时我正努力地想办法教育那些行为不良的市民们提高觉悟，让他们重新振作起来，而不是浑浑噩噩、无所事事。

写这本小册子的灵感来源于一场小辩论，一个喝茶时关于美西战争的小小辩论，但对正处于迷茫中的我来说，这个灵感像黑夜中的一道闪电。当时，大家都认为美西战争的英雄是古巴起义军首领加西亚将军，但我的儿子不同意这个说法，他认为罗文中尉才是美西战争真正的英雄。因为他只身一人，凭借一己之力完成了一件了不起的事情——把信送给加西亚将军，及时传递了情报，美西战争才得以胜利。

辩论之后，两种言论在我脑海里交锋，最后，一方胜出。是的，孩子是对的，英雄就是那些做了自己应该做的工作的人——就是能把信送给加西亚的人。我一下从桌子旁跳了起来，开始奋笔疾书，一气呵成写下了这本名为《把信送给加西亚》的小册子。没有任何犹豫，我将这篇文章刊登在了当月的《菲士利人》杂志上。

出乎意料的是，杂志很快脱销。紧接着，请求加印三月份《菲士利人》的订单像雪片般飞来。12份、50份、100份……后来美国新闻公司订购了1000份。于是，我询问助手，究竟是哪篇文章引起了如此这般的轰动，他的回答是："有关加西亚的那篇。"

第二天，我又收到了纽约中心铁路局的乔治·丹尼尔发来的一份电报："我要订购10万份以小册子形式印刷的《把信送给加西亚》，价格是多少？"

这已经超乎我的意料，要知道，以我们当时的印刷条件，印刷10万份《把信送给加西亚》的小册子需要两年时间。我给了丹尼尔一个报价，并将印刷情况如实相告。最后，我们协商好，丹尼尔可以以自己的方式来印刷这10万册《把信送给加西亚》。没想到的是，他最后竟然发行了50万册！

如此巨大的发行量，让《把信送给加西亚》一夜成名，200家杂志和报纸刊登、转载了这篇短小的文章。而如今，它更是被翻译成了各种文字，在全世界流传。

就在丹尼尔发行《把信送给加西亚》的小册子时，俄罗斯铁道大臣西拉克夫亲王刚好在纽约。其时，他受纽约政府之邀来访，丹尼尔亲自陪同他参观纽约。更为凑巧的是，亲王也看到了这本小册子并对它产生了浓厚的兴趣。拉克夫亲王回国之后，立即让人把《把信送给加西亚》翻译成俄文，发给俄罗斯铁路工人，人手一册。

此后，其他国家也纷纷效仿俄罗斯，开始引进并翻译《把信送给加西亚》。这本小册子又从俄罗斯流向了德国、法国、西班牙、土耳其、印度和中国。日俄战争期间，每一位上前线的俄罗斯士兵人手一册《把信送给加西亚》。后来，日本人在俄罗斯士兵的遗物中发现了这些小册子。于是，此书又有了日文版本。后来，日本天皇下了一道命令：所有日本政府官员、士兵乃至平民都要人手一册《把信送给加西亚》。

迄今为止，《把信送给加西亚》的印数高达4000万册。可以说在一个作家的有生之年，在所有的文学生涯中，这个成绩都是惊人的，获此殊荣也让我诚惶诚恐。

整个历史就是由一系列的偶然事件所构成的。

麦金利总统的公开信

女士们、先生们：

今天，我要嘉奖一位年轻的陆军中尉，他就是安德鲁·罗文。

在此，我要表彰的并不仅仅是他作为一个军人所表现出的勇敢，还因为他在工作中表现出的无与伦比的敬业精神，他的忠诚和主动。

他是一个优秀的信使。在困难重重之下，他将一封关系国家命运的信安全送达居无定所的收信人手中，并历经磨难将回信带回美国。很明显，他能为国家荣誉毫不犹豫地牺牲个人利益，他是一名忠诚的美国战士，他是一个在本次战争中起到了关键作用的优秀军人。罗文中尉的出色表现，创造了军事战争史上最勇敢的事迹，值得我们全体公民尤其是年轻人学习。

现在有一个不容否认的事实：在我们这个时代，在工作、生活中，许多人满怀怨恨、满腹牢骚，他们总是抱怨自己受到不公正待遇。不论在我们的军队，还是在众多的企业里，总会有一些慵懒、消极、懈怠的人，他们对自己的上司吹毛求疵、抱怨不满。我想提醒这一类人：你们看一看罗文吧！

以正直、忠诚、智谋、主动和自我牺牲精神投身于一项神圣的事业，这就是罗文中尉身上所体现的精神品质，也是我们所有人身上应该具备的高贵品质。无论现在，还是未来，我们的国家都需要这样的人。

女士们、先生们，我希望你们以罗文中尉为榜样，充分发挥自己的聪明才智，以不屈不挠的精神去克服困难，以忠诚与主动去完成你们的使命，那么，我相信你们也将成为另一个罗文——一个合格的信使！

女士们、先生们，美国因为罗文而骄傲，我相信美国也将会因为你们而自豪！

美利坚合众国总统麦金利

1898 年 5 月 18 日

罗文的古巴岛送信之旅

总统之命

"到哪里能找到把信送给加西亚将军的人？"美国总统麦金利面目严肃地问情报局局长阿瑟·瓦格纳上校。

上校目光坚定地迅速答道："安德鲁·罗文，一个年轻的中尉。如果有人能把信送给加西亚将军的话，那么非罗文莫属。"

"派他去！"麦金利命令道。

美国与西班牙交战正酣，情报成为战争胜负的关键。麦金利总统意识到，只有和古巴起义军配合作战，美国军队才有希望取得胜利。他需要掌握西班牙军队在古巴岛上的兵力部署情况，包括军官尤其是高级军官的配备、重点人物的性格、军队的士气等信息，还要掌握作战区域的地形、一年四季的气候、路况，以及交战双方和古巴国家的医疗设备、武器装备，等等。除此之外，麦金利还希望了解在美国部队集结的时间里，古巴起义军怎样才能拖住敌人，需要美国提供什么样的帮助。

在知道谁能把信送给加西亚后，麦金利总统的命令果断干脆。

接受任务

一小时后，时值中午，骄阳当空，瓦格纳上校通知我下午一点钟到军部去。一点钟我准时到达军部，上校见到我什么也没说，直接将我带上了一驾马车，车棚遮盖很严实，坐进去后我无法看清行驶的方向。车里光线幽暗，空气也沉闷得好似不再流动。过了一会儿，瓦格纳上校的声音终于打破了沉默："罗文，下一班去往牙买加的船何时出发？"

我迟疑了一下，想了想然后回答他："安迪伦达克号轮船明天中午从纽约起航。"

"你能赶上这艘船吗？"上校声音中有一些急切。

瓦格纳上校一向很幽默，我想他不过是在开玩笑，想调节一下气氛，于是半开玩笑地回答："是的！"

"那么就准备出发吧！"上校说。

在一栋房子前马车停下了，我们一起走进大厅。瓦格纳上校走进里面的一间屋子，我在大厅等着。后来我才知道那是总统的办公室。过了一会儿，他从屋子门口出来，招手让我过去。走进门口，我一眼就看到一个宽大的办公桌后面的麦金利总统。

总统很和蔼，没有过多的言语，只是用温暖的手掌用力地紧握我的双手。"罗文中尉，"瓦格纳上校在旁边解释说，"总统刚刚下达命令，选派你去完成一项神圣的使命——把信送给加西亚将军。他可能在古巴东部的一个地方等你。你必须把情报快速安全地送达，这事关美利坚合众国的利益。"这时候，我才意识到瓦格纳上校之前并非开玩笑，那封信就活生生地摆在我的面前，我的人生正面临着一次严峻的考验。飞快地调整好心态，军人的崇高责任感和荣誉感充满了我的胸膛，已经无法容纳任何的犹豫和疑问。我静静地站立在那里，从总统手中接过信——给加西亚将军的信。

瓦格纳上校补充说道："我们想了解的一系列问题都在这封信里面了。为安全起见，不能携带任何可能暴露你身份的东西。历史上有太多这样的悲剧，我们没有理由冒险。独立战争中大陆军的内森·黑尔、美墨战争中的里奇中尉都是因为身上带着情报而被捕的，他们不仅牺牲了生命，而且机密情报被敌人破译了，造成了极大损失。我们绝不能失败，一定要确保万无一失。没有人知道加西亚将军在哪里，你自己得想办法去寻找他，我会安排人护送你，但此行仍困难重重，大部分的事要靠你自己。"

"下午就去做准备，"瓦格纳上校继续说，"军需官哈姆菲里斯将送你到金斯敦上岸。之后，如果美国对西班牙宣战，我们的许多战略计划都将根据你发来的情报制订，没有情报我们将无所是从。这项任务全权交给你一个人去完成，你责无旁贷，必须把信交给加西亚。火车午夜离开，祝你好运！"

我和总统握手道别。

瓦格纳上校送我出门，然后一再叮嘱："一定要把信送给加西亚！"

我一边抓紧时间准备，一边考虑这项任务的艰巨性。这项任务责任重大而且相当复杂。现在美国和西班牙之间的战争还没有爆发，甚至我出发时也不会爆发，到了牙买加之后仍不会有战争的迹象，但稍稍有闪失都会带来无法挽回的后果。如果宣战，我的任务反倒减轻了，尽管危险并没有减少。

在这种情况下，当一个人的荣誉甚至他的生命处于巨大的考验之中，我根本没有考虑太多，因为服从命令是军人的天职。军人的命运掌握在国家的手中，但他的荣誉却属于自己。生命可以牺牲，荣誉却不能丧失，更不能遭到蔑视。这一次，我却无法按照任何人的指令行事，我得一个人负责把信送到加西亚将军的手中，并从他那里获得宝贵的情报。

和总统及瓦格纳上校的谈话，我不清楚是否会被人记录在案。但任务迫在眉睫，已经不容我多想，我的脑海里就只有一件事：倾尽所能，想办法把信送给加西亚将军。

踏上险途

火车在中午 12 点零 1 分发动。我不禁想起一个古老的迷信，说星期五不宜出门。火车开车这天是星期六，但我出发时却是星期五。我猜想这可能是命运有意安排的。然而一想到自己肩负的重任，我就无暇顾及那么多了。我的使命开始了。

牙买加是前往古巴的最佳途径，而且我听说在牙买加有一个古巴的军事联络处，或许从那里可以得到一些加西亚将军的消息。于是，我乘上了安迪伦达克号，轮船准时起航，一路上风平浪静。我尽量不和其他的乘客搭讪，以防无意中走漏消息，沿途只认识了一位电器工程师，通过他了解沿途的一些情况。他教会了我许多十分有趣的东西。因为我的沉默寡言，乘客们给我起了一个善意的绰号——"冷漠的人"。

轮船进入古巴海域，我意识到存在一些危险。我身上带有一些美国政府写给牙买加官方证明我身份的信函，如果轮船进入古巴海域前战争已经爆发，根据国际法，西班牙人肯定会上船搜查，如果发现这些文件一定会逮捕我，当成战犯来处理。而这艘英国船也会被扣押，尽管战前它挂着一个中立国的国旗，从一个平静的港口驶往一个中立国的港口。

想到问题的严重性，我把文件藏到头等舱的救生衣里，直到看到船尾绕过海角才如释重负。

第二天早上9点我登上了牙买加的领土，开始四处寻找古巴的军事联络处。因为牙买加是中立国，古巴军人的行动是公开的，因此很快就和他们的指挥官拉伊先生取得了联系。在那里，我和他及其助手一起讨论如何尽快把信送给加西亚将军。

我于 4 月 8 日离开华盛顿，4 月 20 日，我收到电报，上面说美国已经发出了最后通牒，要求西班牙在 23 日前将军队撤离古巴领土，同时将海军撤出古巴的海域，把古巴主权还给古巴人民。我用密码回电，告诉他们我已经到达牙买加。4 月 23 日，我又接到一封密码电报，内容是："尽快和加西亚将军取得联系。"

接到密电几分钟后，我来到军事联络处的指挥部。在场的有几位流亡的古巴人，我以前从未见过这些人。当我们正在讨论一些具体问题时，一辆马车驶了过来。

"时间到了！"一些人用西班牙语喊着。

在我还没有明白过来的时候，便被带到马车上。于是，我作为一个军人服役以来最为惊险的一段经历开始了。

马车夫是一个沉默的人，完全不回应我的提问，好像没听见一样。马车在迷宫般的金斯敦大街上疯狂地奔驰，没有丝毫减速的意思。马车风驰电掣，穿过郊区，离城市越来越远，一路上马车夫始终保持沉默。我实在憋不住了，拍了拍马车，想引起他的注意和他说两句，但是他似乎根本没听见。

也许他知道我要送信给加西亚将军，而他的任务就是尽快地把我送到目的地。在几番尝试沟通无济于事后，我只好坐回座位，任凭他把马车驶向远方。

大约又走了 6 千米路，我们进入一片茂密的热带森林，然后穿过一片沼泽地，驶上了平坦的西班牙城镇公路，停在一片丛林边上。马车门从外面被打开了，我看到一张陌生的面孔，然后被要求换乘另一辆等候在这里的马车。

一切都按部就班，很神奇。似乎一切都早已安排好，没有一句多余的话，没有耽搁一秒钟，所有的交接都默契而迅速。

一分钟之后我又一次踏上了征途。

似乎一个模子刻出来的一样，第二位车夫同样沉默不语，他在车架上奋起扬鞭，马车飞奔，只留下车轮压过路面的急促声音。同样，我想和第二个马车夫说话的努力也是毫无结果。我们过了一个西班牙城镇，来到了克伯利河谷，然后又进入岛的中央，那里有条路直通圣安斯加勒比海碧蓝的水域。

车夫仍然一言不发。沿途我一直试图和他搭话，但他似乎不懂我说的话，甚至连我做的手势也不懂。马车一直在飞奔。地势慢慢升高，我的呼吸变得更畅快了。太阳落山时，我们来到一个车站。

突然，我发现山坡上有一些特别的东西。那些从山坡上向我滚落下来的黑乎乎的东西是什么？难道西班牙人预料到我会来，安排牙买加军官来抓捕、审讯我？这个像幽灵般的东西，让我十分警觉。终于看清楚了，原来是虚惊一场。一位年长的黑人一瘸一拐走到马车前，推开车门，送来美味的炸鸡和两瓶巴斯啤酒。他讲着一口当地的方言，我只能隐隐约约听懂几个单词，但我明白，他是在向我表示敬意，因为我在帮助古巴人民赢得自由。这些好吃的好喝的，都是他用来表达自己心意的。

　　车夫仿佛置身事外，对我们的谈话显得毫无兴趣，炸鸡和啤酒也不能吸引他的目光。

　　之前拉车的马因为一路飞驰已经疲惫不堪，车夫在车站换上两匹新马。马车刚套好，车夫的马鞭就打了一个响鞭，马儿一下就冲出去了。我赶紧向黑人长者告别："再见了，老人家！"转眼间，老人的身影就消失在夜幕中。

　　虽然我知道自己的送信任务有多重要，脑袋中一根弦一直紧绷着，车夫时时响起的鞭声也提醒我需要刻不容缓地赶路，但热带雨林的美妙景象仍然吸引了我。这里的夜晚和白天一样美丽，白天阳光下的热带植物散发着馥郁的花香，而到了夜晚，这里则是昆虫的世界，奇幻的景象让人着迷。最壮丽的景观当数夜幕刚刚降临时，转眼间余辉被萤火虫的磷光所代替，树木被这些萤火虫装点着呈现一种怪异的美。当我穿越森林看到这一独特景观时，仿佛进入了仙境。

　　车夫的鞭声把我惊醒，一想到自己所肩负的使命，我便再也无暇欣赏眼前这些美丽的景色。马车继续向前飞奔，只是马的体力有些不支了。突然间，一阵刺耳的哨声在丛林里响起。

　　马车不得不停了下来，一伙人从天而降，他们全副武装，重重包围了我们这两人两马。这里属于英国管辖，哪怕遭到西班牙士兵的拦截，我也并不害怕，只是这突然的停车使我格外紧张。如果牙买加当局事先得到消息，知道我违反了该岛的中立原则，就会阻止我前行。牙买加当局的行动可能使这次任务失败。要是这些人是英国军人那该多好呀！

很快我的这种担心就被证明是多余的。在车夫和他们小声地交谈了一番之后，我们又被放行上路了。

大约 1 小时后，我们的马车停在了一栋房屋前，昏暗的灯光透过窗户照进夜空。推门进去，惊喜地发现，等待我们的是一顿丰盛的晚餐。这是联络处特意为我们准备的。

首先为我们端上来的是牙买加朗姆酒。一路奔波的疲倦一扫而光，坐了 9 个小时马车，奔波 110 千米，换了两次车夫三次马匹，经历一次突击检查，那种疲倦和紧张在朗姆酒的芳香中化开。

还没等我们完全放松，又有指令传来。从隔壁屋里走出一个又高又壮的人，身上透着一种果敢，长须修剪得很漂亮，一个手指显然短了一截。他的眼神给人一种可靠、忠诚的感觉，这一定是一个有身份地位的人。他来自墨西哥，由于对西班牙旧制度提出质疑，被砍掉一个指头流放到古巴。他名叫格瓦西奥·萨比奥，对地形非常熟悉，也坚定地反对西班牙的统治，负责给我做向导，直到把信送到加西亚将军手里。另外，他们还雇请当地人将我送出牙买加，这些人再向前走 11 千米就算完成任务了。而格瓦西奥·萨比奥将在接下来的艰难征途中一直陪伴我，直至任务圆满完成。

休息 1 小时后我们继续前行。离开那座房子不到半小时，路边又有人吹哨，我们只好停下来，弃车徒步前行，悄悄地走了一段荆棘之路，走进一个长满可可树的小果园。这里已经靠近海湾了。

离海湾不远的地方有一艘渔船，在水面上轻轻摇晃。在我们到达的同时，船里突然闪出一丝亮光。我猜想这一定是联络信号，因为我们是悄无声息地到达的，不可能被其他人发现。格瓦西奥显然对船只的警觉很满意，做了回应。

接着我和军事联络处派来的人匆匆告别，至此，我完成了给加西亚送信的第一段路程。

海上遇困

我们涉水来到小船旁。上船后我才发现里面堆放了许多石块用来压舱，长方形的一捆一捆的是货物，但不足以使船保持平稳。我们让格瓦西奥当船长，我和船上的人当船员。船里的石头和货物占了很大的空间，狭小的空间让人感到很不舒服。

我告诉格瓦西奥，希望能够尽快走完剩下的 5 千米路程。他们提供的热情周到的帮助，使我深感过意不去。他告诉我船必须绕过海岬，因为狭小的海湾风力不够，可能无法航行。但我们很快就离开了海岬，正赶上微风，险象环生的第二段行程就这样开始了。

向北 160 千米便是古巴海岸，荷枪实弹的西班牙轻型驱逐舰经常在此巡逻。舰上装有小口径的枢轴炮和机枪，船员们都有毛瑟枪。他们的武器比我们先进，这一点是我后来了解到的。如果我们与敌人遭遇，他们随便拿起一件武器，就会让我们丧命。

但是我们必须成功，必须找到加西亚将军，亲手把信交给他。

我们制订的行动计划是，太阳下山以前一直待在距离古巴海域 5 千米远的地方，天黑后再快速航行到某个珊瑚礁上，一直等到天明。如果我们被发现，因为身上没有携带任何文件，敌人得不到任何证据，就不会知道我们的身份和任务。即使敌人发现了证据，我们可以将船凿沉。装满石头的小船很容易沉下去，敌人想找到尸体也会枉费心机。

清晨，海面空气清爽宜人。劳累一天的我正想小睡一会儿，突然格瓦西奥大喊一声，我们全都站了起来。西班牙驱逐舰正从几千米外的地方张牙舞爪地向我们驶来，他们用西班牙语下令我们停航。

除了船长格瓦西奥一个人掌舵，其余的人都躲到船舱里。船长格瓦西奥懒洋洋地斜靠在长舵柄上，将船头与牙买加海岸保持平行。

"我这样做，他们也许认为我是一个从牙买加来的'孤独的渔夫'，就放我们过去了。"格瓦西奥头脑非常冷静。

事情果然如他所言。当驱逐舰离我们很近时，年轻的舰长用西班牙语喊着："钓着鱼没有？"

格瓦西奥也用西班牙语回答："没有，可恶的鱼今天早上就是不上钩！"

假如这位海军少尉——也许是别的什么军衔，稍稍动动脑子，他就会抓到"大鱼"，我今天也就没机会讲这个故事了。

当西班牙驱逐舰离开我们一段距离后，格瓦西奥命令我们吊起船帆，然后转过身来对我说："如果你累了想睡觉，那现在就可以放心地睡了，危险已经过去了。"

接下来我睡得很安稳，足足有 6 个小时。如果没有灼人的阳光晃眼，我也许还会在"石头床垫"上多睡一会儿。

那些古巴人操着带口音的英语问候我："睡得好吗？罗文先生！"听得出来，他们很自豪自己会说英语。这里整天骄阳似火，整个牙买加好像都晒红了。蓝宝石般的天空万里无云，岛的南坡到处是美丽的热带雨林，美不胜收，简直就是一幅美妙神奇的风景画，而岛的北部比较荒凉。一大块乌云笼罩着古巴。我们焦急地看着它，然而它丝毫没有消失的迹象。

海风越来越大，正好适宜航行。我们的小船一路前行，船长格瓦西奥嘴里叼着根雪茄烟，愉快地和船员开着玩笑。

大约下午 4 点，金色的阳光破云而出，漫洒在马埃斯特腊山上，瞬间山体仿佛在发光，显得格外庄严美丽。我们仿佛被带进了一个艺术王国。这里花团锦簇、山海相依、水天一色，浑然天成，世界上再也找不到这样神奇的地方了。在海拔 2400 米的山上，一条绿色长廊如卧龙般绵延数百里，让人惊叹自然的伟大。

美景如此诱人，我却无暇观赏，一心想着把信快速安全地
送到加西亚将军手中。格瓦西奥下令降帆减速，这让我有些疑
惑，不明所以。他们回答："我们离战区越来越近，我们要充分
利用在海上的优势，避开敌人，保存实力。再快速航行，很容
易被敌人发现，会白白送命的。"

为了应对随时可能出现的危险情况，我们开始检查武器。
我只带了一只左轮手枪，于是他们又发给我一支来复枪。船上
的人都有这种武器。水手们保护着桅杆，武器就在触手可及的
地方。这次任务中最为严峻的时刻到了——到目前为止我们的
行程有惊无险。危险时刻即将到来，一旦被逮捕，不仅意味着
可能会死亡，更意味着给加西亚将军送信的使命彻底失败。

岸边距离我们大约有 40 千米，但看上去好像近在咫尺。
午夜时分，船员开始用桨划船。幸运的是，一个巨浪袭来，小
船借力滑入一个隐蔽的小海湾。我们摸黑把船停在离岸有 40
多米的地方。我建议大家立即上岸，但格瓦西奥想得更加周
到："罗文先生，现在我们前后都有敌人，最好原地不动，夜
晚他们很难发现我们。如果驱逐舰想找到我们，他们一定会登
上我们经过的珊瑚礁，那时候我们上岸时机最好。岸边有很多
葡萄架，我们穿过昏暗的葡萄架，就可以光明正大地走在大路
上了。"

笼罩在天边的热浪逐渐散尽，岸上长满了大片的葡萄、红
树、灌木丛和刺莓，几乎都长到了岸边。模模糊糊中，这些植

被有一种朦胧的美。太阳照在古巴最高的山峰，刹那间，景色变换，雾霭消失了，笼罩着灌木丛的黑影不见了，拍打着岸边的灰暗的海水魔术般地变绿了。光明冲破了黑暗。

船员们忙着往岸上搬东西。看到我默默地站在那里似乎很疲倦，格瓦西奥轻声对我说：

"你没事吧，罗文先生？"

其实那时我正在想一首诗："黑暗的蜡烛已熄灭 / 愉快的白天从雾霭茫茫的山顶上 / 踮着脚站了起来。"这个诗人一定曾经看过类似的景物。

在这样一个美妙的早晨，我伫立在岸边，不禁心潮起伏，我的面前仿佛出现一艘巨大的战舰，上面刻着我最崇拜的人——美洲的发现者哥伦布的名字，一种庄严的使命感油然而生。

身负重任，注定我的美梦不会长久。很快，货卸完了，我被带领到岸上，小船被拖到一个狭小的河口，扣过来藏到丛林里。一群衣衫褴褛的古巴人聚集在我们上岸的地方。他们从哪里冒出来，如何辨别我们是自己人的，对我来说一直是一个谜。他们打扮成装运工的样子，但从他们身上仍然能发现当兵的印记，一些人身上有毛瑟枪子弹射中的疤痕。

我们登陆的地方好像是几条路的交汇点，从那里既能通向海岸，也能进入灌木丛。向西约 1 千米，一些小烟柱和袅袅的炊烟从植被中突然冒出，那是古巴难民在用大锅熬盐。盐是生活的必需品，这些人从可怕的集中营里逃出来，躲进了山里。

我的海上行程就这样结束了。

丛林激战

如果说以前的路途有惊无险的话，上岸后真正的危险来临了。西班牙军队正在残忍地进行大屠杀。从携带武器的军人到手无寸铁的平民，这些西班牙军队一个都不放过，古巴的土地上到处是杀戮过后的废墟。

接下来的路程将更加艰难，但是我却没有时间考虑这些，我知道我的职责就是完成命令，无论艰难与否，我必须立即上路！

这里的地形比较简单，通往北部的地方有一条绵延约1千米的平坦土地，上面密布丛林。男人们忙着开路。古巴的路网就像迷宫一样。如火的骄阳烘烤着我们，看到伙伴们身上简练的装束，再看看自己身上臃肿的服装，羡慕之情不禁油然而生。

我们继续前行。海和山遮住了我们的视线，浓密的叶子、曲折的小路、灼热的阳光，使我们每前进一步都要付出巨大的代价。这里到处是青翠的灌木丛，但离开岸边到达山脚下就看不到这样的景色了。很快，我们来到一个空旷的地方，几棵椰子树的突然出现让我们异常惊喜。新鲜凉爽的椰子汁，对口渴得要命的我们来说，简直是琼浆玉液。

空旷之地不能久留，夜幕降临以前我们还要走几千米路。翻过几个陡峭的山坡，穿过另一个隐蔽的空地，很快我们就进入了真正的热带雨林。这里的路变得比较平坦，微风吹过，虽然小到几乎察觉不到，但感觉完全不同，深呼吸，心旷神怡的感觉油然而生。

穿过森林就进入波迪罗到圣地亚哥的"皇家公路"。当我们靠近公路时，我发现同伴们一个个消失在丛林里，只剩下我和格瓦西奥两人，正想转过身去询问他，却看到他将手指放到嘴边示意我不要出声，赶快拿起枪，然后他也消失在丛林里。

我很快明白了他的用意。耳边响起了马蹄声和西班牙骑兵的军刀声，以及偶尔发出的命令声。

如果没有高度的警惕性，也许我们会走上公路，与敌人来一场遭遇战。显然从兵力上看，我们会吃亏。

我迅速打开来复枪的保险，手指放在扳机上，焦急地等待事情发生，等待听到枪声，但最终什么也没有听到。我们的同伴一个个都回来了，格瓦西奥是最后一个。

"我们分散开，目的是麻痹敌人，不被他们发现。我们都分头行动，假如开战，枪声四起，敌人一定会以为这是我们设下的埋伏。"格瓦西奥露出可惜的神色，"真想戏弄敌人一下，但任务第一，游戏第二！对吧，罗文先生。"

在起义军经常出没的地区，人们有个习惯，他们点起火用滚烫的火灰烤红薯，经过这里的人饿了就可以拿起来吃。烤熟的红薯一个个传给饥饿的战士，然后把火埋掉，继续前进。

吃着红薯，我的脑海里浮现出古巴的英雄们。在如此艰苦的条件下，他们之所以能取得一个又一个的胜利，是因为他们对祖国无比坚定的热爱，一种发自内心的争取民族解放的强烈信念支撑着他们，与敌人展开不屈不挠的斗争。这与我们的先辈是何其相似，和他们一样，我们的先辈们也曾为了民族的尊严而顽强奋战。

想到自己所肩负的使命能够帮助这些爱国的志士们，作为一名美国士兵，我感到无上光荣。

一天的行程结束了，我注意到周围有一些穿着十分奇怪的人。

"他们是谁？"我问道。

"他们是西班牙军队的逃兵，"格瓦西奥回答，"他们从曼萨尼约逃出来，不堪忍受军官的虐待和饥饿。"

逃兵有时也有用，但在这旷野中，我对他们持怀疑态度。谁能保证他们当中没有奸细，不会向西班牙军队报告一个美国人正越过古巴向加西亚将军的营地进发？敌人一定在想方设法阻止我完成任务。所以我对格瓦西奥说："对这些人要详加审问，而且要严密看管，确保他们不会泄露我们的行踪。"

"我们会的，罗文先生。"他回答。

我下达这个命令，只是出于谨慎，为了以防万一，但事实却证明，我这个想法是多么正确。有人的确想逃走去向西班牙人报告。这些人并不知道我的使命，但有两个人对我的出现产生了怀疑。到了晚上，这两个人离开营地钻进灌木丛，想去给西班牙人报告有一个美国军官在古巴人的护送下来到这里。

半夜，我突然被枪声惊醒。一个人影突然出现在我的吊床前，我吓得急忙站起来。这时又出现一个人影，后面来的人用大刀一下就把第一个人砍倒了，大刀从右肩一直砍到胸部。原来第一个人要杀死我，后面来的人发现后救了我。要杀我的人临死前供认，他们已经商量好，如果同伴没有逃出营地，他就杀死我，阻止我完成任务。刚才的枪声就是哨兵开枪打死了这些人。

好在保护我的人非常机警，让我过了一道鬼门关。

因为马匹、装备一直没有到位，很长时间我们都无法继续前进，这让我十分焦急，但无济于事。第二天晚些时候，我们才得到足够的马和马鞍。马鞍有些硬，不好用。我有些不耐烦地问格瓦西奥，能不能不用马鞍。"加西亚将军正在围攻古巴中部的巴亚莫，"他回答道，"我们还有很长一段路要走。"这么长一段路，不用马鞍会把我的大腿磨坏。

这也就是我们到处找马鞍和马饰的原因。一位同伴看了一下分给我的马，很快为我装上了马鞍。我们骑马走了四天，这么长的路，假如没有马鞍，我们的结局一定很惨。我不禁要赞美我的这匹瘦马，在崎岖的山路上它行走如风，美国平原上任何一匹骏马都难以和它相媲美。

离开了营地我们沿着山路继续向前走。山路曲折，岔路众多，如果不熟悉道路，肯定会陷入绝望。但我们的向导似乎对这迂回曲折的山路了如指掌，他们毫不迟疑地前行，如履平地。

我们离开了一个分水岭，开始从东坡往下走，突然遇到一群小孩和一位白发披肩的老人，队伍停了下来。老人和格瓦西奥交谈了几句，森林里出现了"万岁"的喊声，是在祝福美国，祝福古巴，欢迎"美国特使"的到来，真是令人感动的一幕。我不清楚他们是如何知道我的到来的，但消息在丛林中传得很快，我的到来使这位老人和这些小孩十分高兴。

经过跋涉，我们到达小镇亚拉，一条河沿山脚流经这里，我意识到我们又进入了一个危险地带。这里挖有许多战壕，用来保护峡谷。在古巴的历史上，亚拉是一个伟大的名字。这里是古巴 1868—1878 年"十年战争"的发祥地，古巴士兵时刻都在守着这些战壕。

格瓦西奥相信我的使命一定能完成。

第二天早晨，我们开始攀登马埃斯特腊山的北坡。这里是河的东岸，我们沿着风化的山脊往前走。这里很可能有埋伏，西班牙人的机动部队很可能把这里变成我们的葬身之地。

我们顺着河岸，沿着蜿蜒曲折的山路前行。在我的一生中，从未如此野蛮地对待动物，为了让可怜的马走下山谷，我们残酷地抽打它们。但为了把信及时送给加西亚将军，我们也没有别的办法。战争四起，当千万人的生命和自由处于危险中时，马遭点罪又有什么呢？我很想对这些牲畜说声"对不起"，但我没有时间多愁善感。

最艰难的旅程总算告一段落。

我们停在一个小草房前，周围是一片玉米地，位于基巴罗的森林边缘。房子的椽子上挂着刚切下的牛肉，厨师们正忙着准备一顿大餐，欢迎美国特使的到来。大餐既有鲜牛肉，又有木薯面包。我到来的消息传遍了这里的每个角落。

在愉快的氛围中吃完丰盛的大餐，忽然外面传来一阵骚乱，说话声和阵阵马蹄声从森林边上远远传来。原来是瑞奥将军派卡斯特罗上校代表他来欢迎我，上校告诉我将军和其他军官将在早上赶到。卡斯特罗上校非常矫健地从马上跃下，姿势优美、敏捷，就像一个专业赛马运动员，一看就训练有素。他的到来使我确信，我又遇到了一个经验丰富的好向导，能帮我尽快见到加西亚将军。卡斯特罗上校送给我一顶标有"古巴生产"的巴拿马帽。我很喜欢这顶帽子。

第二天早上瑞奥将军到了。他被人称做"海岸将军"，皮肤黝黑，是印第安人和西班牙人的混血儿。他步履矫健，身姿挺拔；他智勇双全，多次成功地击退西班牙军队的进攻；他擅长游击作战，利用有利条件与敌人周旋，给敌人以沉重的打击。敌人多次想抓住他，但都无功而返。

这一次，瑞奥将军带来两百人的骑兵部队，护送我去见加西亚将军。这些骑兵具有良好的军事素养，骑术相当高超。

很快我们又重新进入了森林。森林里的小路太窄，马匹时常被树干所阻碍，丛林里的常青藤经常刮破我们的胳膊、脖子，我们一边骑马一边清理障碍物。向导在这种环境下仍然步伐稳健，着实让我感到惊奇。通常，我待在队伍的中间，有时真想追上他，观察他跋山涉水的英姿。他是一名黑人，皮肤像煤一样黑亮，名叫迪奥尼斯托·罗伯兹，是古巴军队的一名中尉。他马踏荆棘，手拿宽刃大刀，砍下一片片藤蔓，为我们开路，穿过茂密的森林，仿佛永远不知疲倦。

4月30日晚上，我们来到巴亚莫河畔的瑞奥布伊，离巴亚莫城还有30千米。这时格瓦西奥又出现了，脸上露出开心的微笑。

"罗文先生，告诉你一个好消息，加西亚将军就在巴亚莫。西班牙军队已撤退到考托河一侧，他们的最后堡垒在考托。"

为了尽早见到加西亚将军，我建议连夜赶路，但我的建议没有被采纳。

1898年5月1日是一个不寻常的日子。当我在古巴森林睡觉的时候，美国海军正冒着枪林弹雨进入马尼拉湾，向西班牙战舰发起进攻。就在我给加西亚将军送信的途中，他们用大炮击沉了西班牙的战舰。

战争爆发，让我们的任务更加急迫。第二天没等天亮我们就踏上征途，骑马小心翼翼地直达巴亚莫平原。沿途看到很多村庄，到处断壁残垣，饱经战火摧残。这满目疮痍，是西班牙军队罪恶的铁证。我们骑马奔行了160千米，终于来到一片平原。

　　历经无数艰难险阻，头顶烈日，跨过崇山峻岭，披荆斩棘，来到了这片美丽的土地，在战火肆虐的废墟上，希望的种子正在酝酿生发。一想到即将到达目的地，满身的疲惫仿佛减轻许多，所有的苦难都抛在脑后。就连精疲力尽的马也仿佛知道胜利在望，步伐也快了一分。

　　我们来到曼占尼罗至巴亚莫的"皇家公路"，遇到了许多衣衫褴褛的人，他们衣不蔽体却兴高采烈，他们正在朝城里奔跑。他们一边奔跑一遍叽叽喳喳地交谈，这声音让我联想到自己在丛林中遇到的那些鹦鹉，他们终于可以返回到阔别已久的家园了。

　　巴亚莫原来是一个拥有 3 万人口的城市，但战火过后却成了一个只有 2000 人的小村庄。在巴亚莫河两岸，西班牙人修建了很多碉堡，现在这些古巴起义军收复这里后，这些碉堡全部被西班牙军队付之一炬，里面的烟火现在还没有熄灭。

　　我们的队伍在河岸列队，在格瓦西奥和罗伯兹与士兵说完话后，我们继续行进。我们先把马牵到河边，让马饮水吃草，养精蓄锐，准备走完最后一段通往古巴指挥官营地的路程。

　　我的到来被刊登在当天的报纸上："古巴将军说罗文中尉的到来在古巴军队中引起巨大轰动。罗文中尉骑着马，在古巴向导的陪同下来到古巴。"

　　几分钟以后我来到了加西亚将军的驻地。

　　漫长而惊险的旅程终于结束了。苦难、失败和死亡都离我们远去。

我成功了！

终于相见

我来到加西亚将军指挥部门前，古巴的旗帜在天空飘扬。能够代表美国在这里与加西亚将军见面，我感到十分荣幸和兴奋。我们排成一队，纷纷下马等候。加西亚将军认识格瓦西奥，所以卫兵让格瓦西奥进去了。不一会儿，两人一同走了出来。加西亚将军热情地欢迎我的到来，邀请我和同伴们进到指挥部里。指挥部里有很多军官，他们都身着白色军装，腰佩武器。加西亚将军将我一一介绍给他的部下，这些军官对我都非常热情。加西亚将军对没有第一时间出来见我表示了抱歉，并解释说："很抱歉我出来晚了，因为我在看从牙买加古巴军事联络处送来的信，这是格瓦西奥给我送来的。"

幽默无所不在。联络处送来的信中称我为"密使"，可翻译却把我翻译成"自信的人"。

在这里吃过早饭，我们马上开始工作，谈论正事。我向加西亚将军解释说，我所执行的任务属于军事任务，一方面是要把麦金利总统的书信交给加西亚将军，另一方面是要从将军这里得到需要的情报。麦金利总统和作战部想知道古巴东部的最新情报（美国也向古巴中部和西部派遣了两名军官来传递情报，但他们都没到达目的地）。美国军队需要知道西班牙军队占领区尽可能详尽的情况，包括兵力部署、他们的指挥官特别是高级指挥官的性格、军队的士气如何，还要知道古巴整个国家和每个地区的地形、气候、路况信息，以及任何与美国作战部署有关的信息。其中最重要的一点是美国希望与古巴军队联合作战，加西亚将军能帮忙制订一个联合作战计划。为此，美国政府希望得到关于古巴军队兵力方面的信息，好方便根据情况进行配合。我还征求将军的意见，看是否有必要留下来亲自了解所有这些信息。加西亚将军沉思了一会儿，让所有的军官退下，只留下他的儿子加西亚上校和我。

到了下午3点钟，加西亚将军回来了，他决定派3名军官陪我回美国。这3名军官都是古巴人，训练有素，经验丰富，知识渊博，对自己的国家非常了解，他们完全有能力回答以上所有的问题。对于古巴的情况，即便我留在这里几个月，也不一定能有一个正确、完整的认识。时间紧迫，美国越早获得情报，对双方越有利。

他进一步解释说，古巴的部队最紧缺的是武器，特别是重型武器尤其是大炮，主要用来摧毁碉堡，弹药和步枪也不够，他需要这些武器弹药来重新武装队伍。

三名军官分别是克拉左将军，一位古巴军队著名的指挥官；赫南得兹上校，有丰富的丛林作战经验；约塔医生，非常熟悉这里各种疾病的特征；还有两名水手将一同随我返回美国。如果美国决定为古巴提供武器装备，他们能帮助美国把物资顺利运到古巴。

"你还有什么问题吗？"加西亚将军问。

在这长途跋涉的 9 天里，我的脑海里一直思考着许多问题。我愿意踏遍古巴的每一寸土地，了解到所有的情况，给总统一个满意的答案。但面对将军的问话，对于如此周到的安排，我毅然地回答："没有！将军。"加西亚将军有着敏锐的洞察力。他的安排使我免除了几个月的劳累，为我们的国家争取了时间，也为古巴人民赢得了时间。

接下来的两个小时里，我受到了非正式的热情接待。正式的欢送宴会在 5 点钟进行，宴会结束后，护送人员把我送到指挥部的大门口。我走到大街上，却没有看到原来的向导和同伴。格瓦西奥原来想送我回美国，但加西亚将军没有同意，因为需要他指挥南部海岸的战争，而我则要从北部返回。我向将军表达了我对格瓦西奥和他的船员的感激之情。在以纯拉丁式的拥抱与将军告别后，我飞身上马，与 3 个护卫者一起向北疾驰。

我终于把信交给了加西亚将军！

踏上归途

给加西亚将军送信的行程充满了危险，但返回的行程同样重要，我必须把古巴的情报带回美国，战争已经开始，归途更加凶险。

在寻找加西亚将军的路上，我领略了这个美丽国度的神奇，一路上得到了很多人的帮助，他们为我带路，跋山涉水，勇敢地保护着我。没有他们，我不敢保证一定能把信送给加西亚将军。但是战争还远没有结束，反而爆发得更加剧烈，西班牙军队的士兵到处巡逻，每一个海岸、每一个海湾、每一条船他们都不放过。在返回的路上，他们随时都可能把我当作一个间谍，一旦被发现就意味着死亡。大海在咆哮，时刻提醒我，成功永远不只是一次航行能够实现的，唯有乘风破浪，不断冲破险阻，方能到达成功的彼岸。

我们拥有必胜的信念，因为肩负千万人的生命和自由，只有努力才能成功，不然我的使命就会前功尽弃。

返程的路上，同伴们也和我一样担惊受怕，时刻保持警觉，小心翼翼地越过了古巴。我们一路北进，来到西班牙军队控制下的考托。这是一个河口，停泊着几艘小炮艇，对面有一个巨大的碉堡，里面装着大炮，瞄准河口。

如果被西班牙士兵发现，我们就全完了。但勇者无敌，最危险的地方往往是最安全的，敌人哪里会想到我们会在这么危险的地方上岸。

我们所搭乘的是一只小船，几个人把船舱挤得满满当当。我们用这只船航行了 240 千米来到了北部的拿骚岛，西班牙军队的快速驱逐舰经常在此巡逻。

作为军人，强烈的使命感让我们忘记了畏惧。由于船无法承载 6 个人，约塔医生返回巴亚莫。凭几把枪 5 个人显然无法和整个西班牙军队对抗，我们将冒着枪林弹雨，凭机智取胜。

就在我们准备出发的时候，风暴突然降临。风卷浪涌，我们的小船在风雨中飘摇，我们不能轻举妄动，但是即使原地等候也一样非常危险。现在是满月，假如风暴把遮月的云吹散，敌人就会发现我们的行踪。

但是，命运之神眷顾了我们。

夜里 11 点钟我们出发，天空密布的乌云遮住了月亮，敌人很难在这种环境下发现我们。我们 5 人分工，1 人掌舵，4 人划桨。要塞渐渐地已看不见，非常幸运，要塞里的人没有发现我们。我们在水中艰难跋涉，总算没有听到大炮的轰鸣声和机枪的扫射声。我们的小船在海浪中摇摇晃晃，看上去危如累卵，有好几次差点倾覆。但水手们的技术都非常高，他们了解水性，装在船里的压舱物经受住了考验，我们在继续航行。

极度的疲倦加上航行看似无休止的单调，让我们几乎要睡着了。

突然，一个巨浪袭来，小船差点被掀翻，海水一下子灌了进来，大家都被打湿了，睡意一下被赶跑了。长夜漫漫，多么难熬！正在这时，太阳从远方的地平线上钻了出来。

"快看，罗文先生！"水手们大声地喊着。一直以来的警觉让我们感到焦虑不安：不会是一艘西班牙战舰吧？如果真是那样，我们就在劫难逃了。

舵手用西班牙语喊着，其他同伴应和着。

真是西班牙战舰？

不是，是美国海军的战舰，正向东航行去抗击西班牙战舰。

我们紧绷的弦一下子放松了！

那一天真是酷热难耐，谁也睡不着。尽管美国战舰已经开到了这里，但是我们距离西班牙军队并不远，他们的炮艇很快就能追上我们。夜幕降临，极度的疲惫席卷而来，我们5个人几乎支撑不住了，但是强烈的使命感一次次激起我们的斗志。夜里海上刮起了风，风力很强劲，波涛汹涌。我们竭尽全力，使小船不至于倾覆。第二天早晨，也就是5月7日的早晨，危险总算渡过去了。大约上午10点，我们来到巴哈马群岛安得罗斯岛的南端一个名叫克里基茨的地方。我们总算可以登陆，短暂地休息一下了。

当天下午，在13个黑人船员的协助下，我们彻底地检查和清理了小船。这些黑人操着古怪的语言，根本听不懂，但是手

势语是通用的。我虽然疲惫到了极点，但依然睡不着，只想着
尽快见到麦金利总统，把这次送信的任务圆满完成。

第二天下午，当我们向西航行时，被检疫官抓住，关到豪
格岛上。长时间的疲累，让我们的精神和脸色都不是很好，他
们怀疑我们得了古巴黄热病。

5月9日，我得到美国领事麦克莱恩先生的口信，他会想
办法解决我们的问题。5月10日在他的安排下，我们获释了。
5月11日，我们的"无畏号"小船驶离码头，继续航行。

航行到佛罗里达海域可就没那么幸运了。12日一整天
无风，小船无法航行。直到夜晚微风吹动，才顺利到达基韦
斯特。

当晚我们乘火车到达塔姆帕，又在那里换乘火车前往华
盛顿。

一路上很顺利，但我们的心情仍然很急迫，终于按预定的
时间到达了目的地。我向作战秘书罗塞尔·阿尔杰作了汇报。
他认真听了我的讲述，并让我直接向迈尔斯将军报告。迈尔斯
将军看了我的报告后，马上给作战部修书一封。信中说："我推
荐美国第十九步兵部队的一等中尉安德鲁·罗文为骑兵团上校
副官。罗文中尉克服重重困难完成了古巴之行，在古巴起义军
和加西亚将军的协助下，为我国政府送来了最宝贵的情报。这
是一项艰巨的任务，我认为罗文中尉表现出了英勇无畏的精神
和沉着机智的作风，他的精神将永载史册。"

我陪同迈尔斯将军参加了一次内阁会议，把这次古巴之行的详细情况作了汇报。会议结束时我收到了麦金利总统的贺信，他感谢我把他的愿望及时传达给加西亚将军，对我的表现作了高度的评价。

麦金利总统信里的最后一句话是："你勇敢地完成了一项艰巨的任务!"但我并未因此沾沾自喜，我觉得我只不过是完成了一个军人应该完成的任务。

不要考虑为什么，只要服从命令。

我已经把信送给了加西亚将军。

下篇

罗文是怎样炼成的

A Message to Garcia

"罗文"——员工：热爱、坚持、忠诚、执行锻造成功品质

作为一名军人，在为加西亚将军送信这件事上，我没有什么想要炫耀的，我只是完成了一个军人应该做的。当然，能完成这样一件伟大的历史任务，完全得益于平日里艰苦的训练和对各种有益品质的培养。

——"罗文"的独白

没有什么比热爱更能让你优秀

维持一个人的生命的事物，是他的事业。

——爱默生

石油大王洛克菲勒说："如果你视工作是一种乐趣，人生就是天堂。如果你视工作是一种义务，人生就是地狱。"我们从事的工作是单调乏味，还是充实有趣，往往取决于我们对待工作的心境。因此，只有热爱自己的工作才能把工作做到最好。

编草帽的老人

有个年过半百的老人，坐在一棵参天大树下悠闲地编织着草帽，编织好的草帽他会依次放在面前排好，以供游客们选购。老人编织的草帽十分精致，并且颜色搭配得极其巧妙，可谓是巧夺天工。一个商人路过，看到老人编织的草帽，心想：这样精美的草帽如果运到外地去，一定能卖个好价钱。

商人心里盘算着，不由激动地问老人："老人家，这个草帽多少钱一顶呀。"

"十块钱一顶。"老人冲商人微笑了一下，继续编织着草帽，他那种闲适的神态，真的让人感觉他不是在工作，而是在享受一种美妙的生活。

商人心想：这要是拿 10 万顶草帽到外地去销售，不就发大财了吗。于是商人又对老人说："假如我在您这里定做 1 万顶草帽的话，您每顶草帽会给我多少钱的优惠呢？"

商人本来以为老人一定会高兴万分，可没想到老人却皱着眉头说："这样的话啊，那就要 20 元一顶了。"

每顶 20 元，这是商人经商以来闻所未闻的事情呀。"为什么？"商人丈二和尚摸不着头脑。

老人讲出了他的道理："在这棵大树下没有负担地编织草帽，对我来说是种享受，可如果要我编 1 万顶一模一样的草帽，我就不得不夜以继日地工作，不仅疲惫劳累，还成了精神负担。难道你不该多付我些钱吗？"

我们时常抱怨工作不是自己喜欢的，找不到乐趣，觉得生活和工作没有意思。但如果没有积极健康的心态，即使你从事的是自己最喜欢的工作，估计也很难体验到工作中的乐趣，并持久地保持对工作的激情。

每个人大概都不止一次地抱怨过：我受够了无聊的工作，这简直是浪费生命，我要去寻找真正的生活！但是真正的生活在哪里？无所事事一味玩乐吗？无所事事的时间长了，会让人心里充满灰色的、无聊的东西，那就更说不上快乐了。生活的乐趣，有很多恰恰是从工作中得到的。

"三等人"

有一位医生，在当了十年的执业医生之后，存了一笔钱，45 岁时宣布退休，全家移民国外，每天从事他最喜爱的两样休闲生活：打高尔夫球与钓鱼。

一年后，出乎人们意料，他又回到了原来的地方继续做执业医生。朋友们都很奇怪，这位医生诚实地说："打高尔夫球与钓鱼持续一个月就烦了，没有工作形同坐牢，我在国外跟许多移民一样，成了'三等人'。"

朋友们都好奇地问："何谓'三等人'？"这位医生苦笑说："首先是等吃，吃完之后是等打牌，打完牌之后就是等死了。这样等了一年实在让人受不了，我宁愿继续回来忙忙碌碌地工作，虽然会很累，但内心是踏实、快乐的。"

假如你认为工作只是为了赚钱养家，那的确是贬低了工作的价值。事实上，工作不只是赚钱，更重要的意义在于，工作可以让人得到自我肯定与生活的乐趣。

与其天天在乎物质利益，不如努力在学习、工作和生活中，享受每一次的经验，并从中学习成长。一位真正懂得从生活中找到人生乐趣的人，不会觉得自己的日子充满压力及忧虑。

罗斯·金曾说："只有通过工作，才能保证精神的健康；在工作中进行思考，工作才是件快乐的事。两者密不可分。"当你在快乐中工作，精神就会愉悦，也就越来越肯定之前的选择，工作的动力也会更足。如果你开始觉得压力越来越大，情绪越绷越紧，无法从工作中找到乐趣，获得满足感，就先静下来思考一下，是工作的问题还是自己的问题。如果我们不从心理上调整自己，即使换一万份工作，也不会有所改观。

当然，不是每个人生来就对某项工作产生浓烈的兴趣，通常兴趣爱好与艰苦的工作往往也很难画上等号。任何事情都有两面性，工作也不例外。能不能从你所从事的工作中感受到乐趣，归根到底是一个心态问题。乐观的心态使你在困境中也能发现积极的一面，保持良好的状态，想办法走出困境；悲观的心态使你过分关注不尽如人意的方面，一叶障目，从而看不到工作的乐趣。兴趣可以花时间从无到有地培养，乐趣却是需要你用一颗乐观的心，去寻找和感受的。

工作中有不如意吗？那么在抱怨之外，为什么不试试改变自己的心态呢？马洛斯告诉我们：

心若改变——你的态度跟着改变；

态度改变——你的习惯跟着改变；

习惯改变——你的性格跟着改变；

性格改变——你的人生跟着改变。

　　能从工作中找到乐趣，热爱工作就会变成一件容易的事。不管你从事何种工作，也不论你处于什么阶层，热爱工作都是做好工作的前提。

我待工作如初恋

从工作里爱了生命，就是通彻了生命最深的秘密。

——纪伯伦

大多数人的初恋是美好的，两个人从陌生到熟悉，再到喜欢，整个过程中两人精心呵护彼此的感情，没有过多计较，没有抱怨，无条件地付出，最终收获幸福甜美的婚姻。可能有人说，能从初恋走进婚姻殿堂的人并不多。这里没有准确的统计数据，我们无法认同或不认同这种说法，但有一个基本的认识是，初恋对大多数人来说都是美好的，每个人都曾全身心投入，无论最终结果如何，我们最终至少收获了满满的甜蜜回忆。

说了这么一大段关于初恋的话，我们其实想说的是我们对待工作的态度，也应该像初恋那样，不计较、多包容、不抱怨，全情投入，这样才可能收获最后的甘甜。如果没有全心投入，心里总是打着自己的小算盘，难以真正投入其中，最终都不会有好的结果。世上没有不劳而获的事，想让生活和工作赋予你什么，先要无条件地付出和投入。

一位退休干部在教诲初入职场的后辈时，总喜欢传递这样一个观点："不管将来干什么，一定要全身心地投入工作中。若能做到这一点，就用不着担心前途了。世界上到处都是散漫粗心、三心二意的人，心无旁骛、全身心投入工作的人，永远不用发愁没有工作。"

回过头看现在的不少年轻员工，总在抱怨工作太辛苦，薪水又太低，在公司做了好几年仍然没有得到提升，满心都是委屈，感叹着世道的不公。

诚然，人人都渴望回报，但没有哪一份得到是从天而降的。在抱怨工作之前，是否更应当扪心自问一下：我是如何对待工作的？我为工作投入了多少精力？是不是真的竭尽全力了？坦诚地面对自己，面对现实，很容易就能找到答案。

A和B都是以应届毕业生的身份入职，能力不相上下，都在办公室做销售。三年后，A成了销售组长，B却早已被淘汰离职。两个人的起点是一样的，公司的环境也无分别，为什么会有如此迥异的结局呢？

得到晋升的A，从开始上班就透着一股精气神，全心扑在工作上，不管领导分派的客户多难"伺候"，他都尽最大努力去维护，就连周末的时间也心甘情愿搭进去。业务最紧的那段时间，他经常加班到八九点钟，没有任何怨言。为了提升能力，他还特意报了一个职业培训班，整个人始终处在向上攀登的状态中。

B就比较糟糕了，每天都是掐着点来，踩着点走，还没到下班的时候，心就飞了，迫不及待地想要离开办公室。他的生活很丰富，几乎每天下班后都有饭局。工作虽然没有犯过什么大错，但业绩平平，偶尔碰上加班的情况，就怨声载道，好像公司剥夺了他的自由。私底下他最爱说的话就是："那么拼命干吗？我又没打算在这里待一辈子……"没有危机感的 B，很少主动联络、拜访客户，都是维护领导给的那些客户，总是希望从熟悉的圈子里多拉点业务。毕竟，拓展新业务是最辛苦的，还经常碰壁。

后来，为了激励员工，也为了筛除能力不足的人，公司开始实行末位淘汰制。这样一来，抱着混日子想法的人，是不可能混下去了，业绩明摆着，做多做少有目共睹。就这样，B 在改制的第二个月被迫离职。此时，一头钻进工作中的 A，业绩做得很好，职业能力也得到了提升，偶尔还能对公司的新进员工进行培训。渐渐地，公司领导发现了他有管理才能，就提升他为销售组长。

工作的意义，我们在前面已经讲过，它不仅仅是谋生的载体，也是实现个人价值的平台。既然它赋予了我们需要的一切，我们有什么理由不全身心地投入其中呢？偷奸耍滑、敷衍糊弄，看起来好像赢得了轻松，其实在浪费自己的生命；不沉浸在工作中，就不会有能力的提升，也不会有思想的升华，更不会做出惊人的成绩。全身心地投入，不只是为了对得起老板给的工资，更重要的是对得起自己的人生。

星巴克的创始人霍华德·舒尔茨写过一本书，名叫《将心注入》，它讲的就是一个人事业能否成功，关键在于有没有"将心注入"。我们在前面也提到过，不少人都是只用手工作，即用身工作，而心却游离在工作之外，没有真正把心思集中在工作上。看似是在忙碌，其实投入工作中的精力并不多，业绩也不会好到哪儿去。

工作有几个层次：第一个层次就是应付，完成别人交代给我的事，做完了就完了；第二个层次是探索，想把工作做得好一些，但标准不太高；第三个层次是用心，努力把工作做得更好；第四个层次是全身心投入，不是为了完成交代的任务，而是为了追求心中的一种境界，全力以赴地把任何工作最大限度地做好。

现在，请扪心自问：你处在工作的哪一个层次，是应付还是全身心投入？有人可能会说，我也想全身心投入，但提不起精神，总觉得无聊，无所适从。这样的情况不是个案，为什么会有人乐此不疲地投入工作中？有什么力量在支撑着他们？答案只有一个：对理想的执着，对美好的追求。有了高远的目标，不是只看眼前，才可以忍受别人不能忍受的东西，排除干扰，钻到所做的事情中。有追求的人，时刻秉持着"做一行就要做到最好"的心态，投入全部的精力。

不要把事业的失败归咎于工作卑微，这是没有道理的。人生的价值是靠自己的努力换取的，你付出得少，抱怨得多，自然不能奢望天降机遇。同样的环境，同样的条件，一定是谁耕耘得多，谁收获得多，这是工作的准则，也是人生的准则。

记住一句话：生活不相信抱怨和眼泪，只相信投入和付出！

放弃者绝不会成功

> 我可以接受失败，但我不能接受放弃！
>
> ——迈克尔·乔丹

钉钉子的时候，遇到了不平整的表面，或是过于坚硬的东西，钉起来就会比较费劲。工作也是一样，难免会碰见麻烦和困惑，但这些问题并不是无法解决的，只是需要多花费点时间和耐心，还没尝试就放弃，结果只能是失败。

库特·理希特博士曾用两只老鼠做过一项实验：他用手紧抓住一只老鼠，无论它怎么挣扎，都不让它逃脱。经过一段时间的挣扎后，老鼠终于不再反抗，非常平静地接受了现实。随后，他将这只老鼠放在一个温水槽里，它很快就沉底了，根本就没有游动求生的欲望，它死了。当理希特博士将另一只老鼠直接放入温水槽里时，它迅速游到了安全的地方。

据此，理希特博士得出结论：第一只老鼠已经明白，无论费多大劲都无法挣脱理希特博士的手掌，它觉得自己已经没有希望活命了，也不可能改变自己的处境。所以，它选择了放弃，不再采取任何行动。第二只老鼠没有前者的经历，不认为一切都无济于事，相信自己的处境能够改变，所以当危机降临时，它立刻采取了行动，从而幸免于难。

我们不难发现：凡是满怀希望去争取的人，往往都会做得更好；而放弃了希望的人，只能无可避免地走向失败。许多事情没有成功，不是因为构思不好，也不是因为没有努力，而是因为努力不够。

1929 年的一天，一位名叫奥斯卡的人焦急地站在美国俄克拉荷马城的火车站，等待着东去的列车。在此之前，他已经在气温高达 43℃ 的沙漠矿区工作了几个月，他的任务是在西部矿区找到石油矿藏，可惜努力许久始终没有收获。

奥斯卡是麻省理工学院毕业的高才生，非常聪明，他甚至能用旧式探矿杖和其他仪器结合，制成更为简便和精确的石油探测仪。当他在西部沙漠里饱受风沙之苦时，一个噩耗传来：由于公司总裁挪用资金炒股失败，他所在的公司破产倒闭了。听到这一消息时，奥斯卡心中所有的热情瞬间熄灭，对他来说，没有什么比失业更令人沮丧的了。他没有心情继续留在这里探矿了，随即就到车站排队买票，准备返程。

可惜，列车还要几个小时才能到站，倍感无聊的他为了打发时间，干脆在车站架起了自己发明的石油探测仪。然而，在沙漠矿区里一直没有反应的探测仪指针剧烈地波动起来——车站下似乎蕴藏着石油，且储量极为丰富！这怎么可能呢？心如死灰的奥斯卡不敢相信自己的眼睛，也不敢相信这里会有石油，甚至怀疑是自己的仪器出了问题。失业之事本就搅得他心神不宁，想起自制的探测仪这么久以来都没给自己带来惊喜，偏偏在这个时候出现波动，奥斯卡满腔怒火，大声地吼叫着，踢毁了探测仪。

几个小时后，车来了，奥斯卡扔掉那架损毁的仪器，踏上了东去的列车。时隔不久，业界传出了一个震惊世界的消息：俄克拉荷马城竟然是一座"浮"在石油上的城市，它的地下埋藏着在美国发现的储量最丰富的石油矿藏。

在消极沮丧的状况下，奥斯卡对自己产生了怀疑，对自制的仪器产生了怀疑，最终做出了一个错误的选择，与巨大的成功擦身而过。这足以说明，当一个人认定自己的能力比不上别人，无法获取其他人那样的成就时，他就很难克服前进路上的障碍，从而选择放弃努力和坚持。而放弃，就让他与渴望的结果越来越远。

其实，我们不止一次在上演着类似的悲剧。虽然内心充满了抱负，也思考过、努力过，可遇到了难解的问题时，还是因为身心俱疲、迟迟看不到结果，而丧失了干劲儿，选择了放弃。如果能把眼光放远一点儿，再多坚持一下，也许就能达到预期的目标了。可惜，对于这一点，我们往往都是后知后觉。

一位世界顶尖的推销培训大师，年轻时去推销房地产，结果一整年的时间，一栋房子都没有卖出去。那时，他已经穷困潦倒了，身上就剩下 100 多美元。就在他萌生了放弃的念头时，公司安排了为期五天的销售课程，他去接受了培训。没想到，那次培训竟改变了他的一生，自那以后，他连续八年成为世界房地产销售冠军。当有人问及他成功的经验时，他只说了一句话："成功者绝不放弃，放弃者绝不成功。"

工作遇到瓶颈，或是行动无法带来想要的结果时，我们都需要休整，中断一段时间或是考虑采取其他行动，这都在情理之中。但休整不是放弃。在休整的过程中，我们需要做的是调整心态，改变策略，逐渐去发现解决问题的切入点。很多时候，你坚持下来了，而别人坚持不下来，这就是你脱颖而出的资本。

心心在一职，其职必举

> 只要专注于某一项事业，就一定会做出使自己感
> 到吃惊的成绩来。
>
> ——马克·吐温

提到成功，多少人想到的都是鲜花簇拥、万人瞩目。其实，

对大众来说，一辈子能把一件事情做好，接手一件事就把它做透，何尝不是另一种成功呢？很多时候，我们总是事事都想做，却事事都没做好，正是这种浅尝辄止导致了平庸。

2014年，JEEP推出的全新广告宣言，非常打动人：把一件事做彻底！品牌代言人王石、冯小刚、胡歌共同进行理智与情感的心灵对话，告诉你理智与情感可以达到默契统一的关系。在广告片的最后，克莱斯勒（中国）汽车销售有限公司总裁兼总经理郑杰女士亲自出镜，点破广告的主旨："感觉说，人生短暂，就要活彻底；理智说，像JEEP一样，73年把一件事做彻底。"

作为一个品牌，JEEP是很成功的。世界上第一辆JEEP是1941年诞生的，当时是为了在"二战"中满足美军的军需。70多年来，JEEP品牌一直提供众多引导潮流的先锋车型，在汽车领域率先定义了运动型多用途车的细分市场，它真正做到了"将一件事做彻底"。

现代社会，个人也是一种品牌，如果都能像JEEP一样，专注一件事，就一心要把它做透，那么成功自然不会太遥远。可惜的是，当下不少年轻人，到了30岁依然在不停地跳槽，看起来好像活得很洒脱，其实对事业的发展很不利。

一位画家，三年前检查出患了癌症。所幸，他心态很好，一直积极配合治疗，坚持有计划地锻炼和作画。三年来，他举办了十几次个人画展，获得多项大奖，见人总是笑盈盈的。有朋友问他："你是怎么做到的？"画家没有直接回答，而是给朋友讲起了往事：他读中学时很顽劣，有一次因为连续几天旷课，被学校记过处分，还通知了家长。父亲得知此事后，没有骂他，而是在晚饭后，拿了一个塑料漏斗和一捧玉米种子，给他做了一个实验。父亲把双手放在漏斗下面，然后捡起一粒种子投入漏斗，种子很快就顺着漏斗滑到他手里。父亲连续投了十几次，手里就有了十几粒种子。之后，父亲抓起一大把玉米粒投到漏斗里，狭窄的漏斗缝隙被玉米粒挤住了，一粒也没掉出来。

父亲对他说："这个漏斗就像你，如果你每天能做好一件事，每天你就会有一粒种子的收获和快乐。当你想把所有的事情都挤到一起来做，最后可能什么都得不到。"这三十多年来，他一直记着父亲那天晚上说的话。

人生的目标可以是远大的，但每天的目标却必须是细致的。成功不是偶然，是把小事做细，把细事做透，积累而成的结果。具体到工作中，怎样才算是把一件事情做透呢？

X 是学设计出身的，经验丰富，前几年跟另外两位同事一同参加内部选拔，争夺集团设计总监的职位。当时，老板交代的任务也挺有意思，就是搜索别墅图片。X 在工作上有一个习惯，要么不做，要么做透。别的同事搜集了 50 张、100 张，至多 500 张。X 通过各种渠道，借助国外朋友的关系，在国内外的网站上一同搜索，最终搜集到 5 万多张，包括欧式别墅、中式别墅、韩式别墅等，从中挑选出 200 张打印出来给老板。老板看到那些图片，顿时震惊了，直接把设计总监的职位交给了 X。

搜索图片是一件很简单的事，可真要把它做到最好，却不容易。有的人只能搜到几百张杂乱无章的图，渠道就是常用的搜索引擎；而 X 却能找到上万张图，且发动了国内外的朋友。这是智商的问题吗？显然不是，这是对工作精益求精的态度和对细节的钉子精神。抱着马虎凑合的心态，最多就找到几百张，但若想把这件事做彻底，做透了，没有一点儿执着的劲头，是不可能做到的。

任何行业都是博大精深的，都值得花费一辈子的精力去钻研和深究。任何一个大师、巨匠，都只是他所处领域内的佼佼者。做一件事情，不能只求合格，要本着精通的标准去努力，哪怕只是一项微不足道的手艺，也得争取比其他人做得都好。只有"人无我有，人有我精"，才算真正具备了个人的核心竞争力和不可替代的价值。

要把一件事彻底做透，没有什么捷径，就是反复再反复地检查和完善细节，不厌其烦地追求更好，要付出比常人更多的努力，用超过别人数倍的时间去打造每一个环节。当你重复去做的那件事的品质，已经超过了这一行 95% 的人时，你就成功了。

正所谓："心心在一艺，其艺必工；心心在一职，其职必举。"把一生的时光与精力、一生的思维与智慧、一生的执着与追求，都用在所从事的工作上，把每件事都做到极致，必会看到一个脱胎换骨的自己，和一份前途光明的事业。

最大的危险是无所行动

> 人生来是为行动的，就像火总向上腾，石头总是下落。对人来说，一无行动，也就等于他并不存在。
>
> ——伏尔泰

法国前总理若斯潘在就任宣誓时，称自己的执政原则是：我说我做过的，做我说过的。这句话对落实做了精辟的概括。

人的处事行为基本上可以分为以下几类：先做后想，先想后做，边想边做，只想不做，只做不想，不想不做。你要清楚地知道自己属于哪一类人。

琴纳是英国著名的医学家，他发明的接种牛痘法让无数患者脱离了病痛，走向新生。这一项改写人类疾病史的发明，是琴纳无意中受到一个现象的启发，反复研究多年才获得成功的。

天花是一种很容易传染的疾病。因感染天花死亡的人成千上万，即使有幸存者，也会在脸上留下丑陋的疤痕。作为一名医生，琴纳眼看着天天有人死亡，却帮不上一点忙，心里感觉很痛苦。一次，政府让各地医生统计一下当地因天花死亡的人数。琴纳去统计时才发现，几乎家家都有得天花的，但奇怪的是，在农场挤牛奶的姑娘们却没有一个死于天花。

琴纳就问挤牛奶的姑娘们："你们感染过天花吗？奶牛感染过天花吗？"挤牛奶的姑娘告诉他说："牛也会感染天花。感染后，牛身上也会起一些脓包，叫牛痘。我们在为牛挤掉脓包的时候，也会被传染，生一些脓疮，但是并不严重，一旦恢复正常，就不会再感染天花了。"

琴纳由此发现，凡是感染过天花的人就不会再被感染。他想，或许是因为人在感染过天花后，体内产生了抗体。如果从牛身上获取牛痘脓浆，接种到人身上，使接种的人也像挤牛奶的姑娘一样患轻微的脓疮，恢复后不就再也不会感染天花了吗？

琴纳把这个方法告诉了一位母亲。这位母亲只有一个 10 岁的儿子，将其视为掌上明珠。为了防止儿子被天花感染，她请琴纳为自己的儿子接种牛痘。当时正好有位挤奶的姑娘感染了牛痘，他从这个姑娘身上的脓疮中抽取了一些脓浆接种到少年身上，少年在开始的时候有些发烧，但后来经过轻度的症状后就恢复了健康。

琴纳为了弄清楚少年会不会再次感染天花，便又冒着风险，把天花患者的脓疱液体接种到他身上。事实证明，少年没有被再次感染。琴纳为了能让更多人早日脱离病痛的折磨，就把这个方法做成小册子发表，但起初人们并不重视他的研究，还到处流传着各种不利于他的言论，有人甚至还嘲讽说："如果把牛痘的脓移植到人身上，那么人的头上一定会长出双角，并发出哞哞的叫声。"

当琴纳听到这些冷嘲热讽时，很平静地说："这是我的理想，并且关乎千万人的性命，无论结果如何，我都不会放弃。"然后继续不分昼夜地进行他的研究。后来他终于证明了自己的方法切实可行：如果把得天花的人的脓液移植到牛身上，牛就会得牛痘；如果把牛身上的脓液移植到人身上，则人可以获得天花的免疫抗体，而且绝对安全。

实践是检验真理最好的方法。琴纳用了 20 多年的心血和努力得出的结论，终于被世人承认了。人们慢慢开始接受牛痘接种，后来，欧洲乃至整个世界都接受了牛痘接种法。琴纳成为人类当之无愧的救星！

　　个人的发展是个艰苦的过程，充满荆棘和坎坷，但这都不是不成功的借口，真正将计划落到实处，就没有克服不了的困难。有的人遇到困难就退缩，不去落实；有的人越是遇到困难就越能坚决落实，勇往直前。哪种人会成为成功的宠儿？相信每个人心中都已经有答案了。如果只有梦想不去落实，那梦想将永远只是个梦想。天上不会掉馅饼，这是必须接受的事实。在市场竞争空前激烈的今天，如果没有把落实放在行动上，就会被对手抢得先机，使自己处于被动的地位。

　　著名手机生产商摩托罗拉就曾因落实不到位而让对手获得先机，例如，2002 年彩屏手机热销，摩托罗拉却未能大批量生产，致使部分市场份额拱手让给了三星公司。

　　在竞争中，这样的案例数不胜数。落实不到行动上，或落实不到位，就会给对手留下机会。反过来说，如果能够落实到行动上，必然比对手抢先一步，那样劣势就可能变为优势，赢得意想不到的机会。

　　2002 年，华为公司的几名员工受莫斯科一家运营商的邀请来到莫斯科，他们要在短短的两个月内，在莫斯科开通华为公司第一个 3G 海外试验局。这家运营商并不止邀请了华为公司一家，之前还邀请了一家实力比华为公司更强的公司，也就是说，华为公司的员工是应邀前去调试的第二批技术人员。

如此一来，他们就和第一批技术人员形成一种"一对一"的竞争关系。由于实力不如别人，开始时莫斯科运营商对他们并不是很重视，不仅没有给他们提供核心网机房，甚至不同意他们使用运营商内部的传输网。

因为缺乏基础设施，所以很难展开工作。华为公司的员工因此感到压力很大，但是他们一直在思考怎样才能做得更好，以赢得运营商的信任。恰巧这时第一批技术人员在业务演示中出现了一些小漏洞，引起运营商的不满。为了弥补这些小漏洞，运营商决定将华为公司的设备作为后备。华为公司的几位员工看到了机会并且紧紧抓住，夜以继日地投入工作中，把落实放到行动上，最终向运营商完美地演示了他们的 3G 业务。运营商在看完演示之后，禁不住竖起大拇指，立刻决定将华为公司的 3G 设备从备用升级为主用。就这样，对手的失误和落实不到位给华为公司提供了机会。

华为公司的员工将落实放在行动上的工作作风值得肯定和学习，他们遇到问题就去落实，并且把落实放到行动上。而更值得我们反思的是：在竞争中输给华为公司的那家公司，由于在演示中工作不到位，导致被华为公司抓住机会并赢得项目，而自己之前所有的努力都白费了，这正是"落实没有放在行动上"的真实写照。

万夫一力，天下无敌

> 一滴水只有放进大海里才永远不会干涸，一个人只有当他把自己和集体事业融合在一起的时候才能最有力量。
>
> ——雷锋

曾经荣登世界首富之位的保罗·盖蒂说："我宁可用 100 人每人 1% 的努力来获得成功，也不要用我一个人 100% 的努力来获得成功。"

什么是"独行侠"？就是希望在团队中，扮演特立独行的人物，靠着自己的力量去做出一番事业，让别人都成为自己的陪衬。这样的想法，用在艺术领域，那可能做出点儿别出心裁的东西，可用在职场上，却是一个绝对的硬伤。

任何一家公司的运转，靠的都是团队的协作，没有哪个公司是单靠一个人支撑起来的。且对个人来说，想要充分发挥自己的才能，实现最大的价值，也要积极地融入团队。靠一己之力闯天下，不懂得、不屑于跟身边的人合作，往往只能取得阶段性的成功，很难有长久的发展。这就是我们常说的，一滴水想要不干涸，唯一的办法就是融入江海中。

赵鑫是一家公司的商务人员，工作能力很强，进入公司不久，就在一次商务谈判中，为公司签了一笔大单。这样的突出表现，让他深得老板的赏识。也许是年轻气盛，刚取得一点儿成绩就不禁生出了骄傲之心，他觉得自己很了不起，处处比其他人高一等。他在工作中开始变得"独"起来，不愿意跟其他同事沟通、交流，即便是说话，也摆出一副高高在上、目中无人的样子，仿佛别人都是在跟他讨教经验。

他的这种态度，很快就招来了同事的不满和厌烦。谁也不愿意看他的脸色和颐指气使的样子，纷纷疏离他，将其排斥在团队之外，有什么事情也不愿意跟他合作。赵鑫也发现了同事的变化，但依旧我行我素。

自那以后，赵鑫的工作开始处处受阻。原来有同事帮忙协助，他不觉得工作有什么难度，而今，没有任何人再给他帮忙了，凡事都得自己来，明显感觉精力不足、考虑不周。结果，在一次办理业务的过程中，他出现了一个大的疏漏，导致公司损失了十几万元。这件事情让他无颜继续在公司待下去，只好主动跟老板承认错误，悻悻地离开。

像赵鑫一样孤傲的人，职场上并不少见，他们的结局大都是一样的，就是被团队所抛弃。卡耐基说过，一个人的成功，个人技能只占15%，人际关系的成分占85%。如果不融入团队，即便有再多的才华，也难以展示出来。在这方面，苹果创始人乔布斯的经历，就是一个最好的证明。

乔布斯的才华是有目共睹的，他 22 岁开始创业，仅用了四年的时间，就把苹果打造成了一个颇具竞争力的大企业。同时，他自己也成了拥有 2 亿美元资产的富豪。不少媒体将乔布斯誉为创业奇才，然而就是这位奇才，不久后却被自己亲手创办的公司赶了出去。

当时，乔布斯年轻气盛，管理风格以"火爆"著称。在公司里，他总是拿出一副高高在上的架子，对下属不屑一顾。大家都很畏惧他，生怕哪儿做得不好惹怒了他，就连乘坐电梯都不愿意跟他一起。最后，乔布斯的合伙人斯卡利也发怒了，对乔布斯的跋扈姿态忍无可忍，外加两人在公司的发展策略上看法不一，矛盾不断加深。最后，斯卡利公然宣称：苹果如果有乔布斯在，我就没有办法继续干下去。

两人的矛盾到了不可调和的地步，公司董事会只好决定二选其一。结果，乔布斯被削了实权，而斯卡利得到了更多的管理权，因为他与员工相处得更好，能给大家带来积极的力量。这一年，乔布斯 30 岁。

多年后回忆起这段经历时，乔布斯说："我失去了贯穿在我整个成年生活的重心，打击是毁灭性的。"在离开苹果的几个月里，乔布斯很迷茫，不知道该做什么，甚至有逃离硅谷的打算。可经过了一段时间的反省和调整，他最终决定，还要回苹果，在哪儿摔倒在哪儿爬起来。

被苹果解雇看似是一件坏事，但也是成就了乔布斯的转折点。若没有那一次经历，他可能不会认真地审视自己，完善自己。历经了痛苦和挣扎后，乔布斯给自己重新定了位，他开启了人生最具创意的时期，建立了几家公司，其中一家后来也被苹果收购。

1996 年，苹果公司重新雇用乔布斯作为顾问。1997 年 9 月，乔布斯重返苹果，担任 CEO。此时，他的性情和从前大不一样了，变得圆融了，温和了。即使因为企业改组要解雇一些员工，他也显得很谨慎。原来人见人躲的"瘟神"，变成了一个有血有肉的管理者。这样的转变，让他在事业上获得了更大的成功，并得到更多人的拥戴。

任何人的成功都离不开团队中其他人的配合与支持，无论他多有才华，职位多高，完全脱离他人的协助去奋斗，是很难成功的。在团队中，实现个人的"以一当十"并不难，真正难的是实现团队中的"以十当一"，前者只需要发挥一个人的潜力就够了，而后者却要最大限度地发挥十个人的潜力，让大家的力量拧成一股绳。

团队合作是不能有私心的，都得秉承着一份责任心和一份奉献的精神。成功不是压倒别人，而是追求各方面都有利的一面，经由合作共赢。就像阿瑟·卡维特·罗伯特所言："任何优异成绩都是通过一场相互配合的接力赛取得的，而不是一个简单的竞争过程。"

为了团队的利益，为了自己和同事的利益，我们应当摒弃做“独行侠”的念头，时刻牢记把合作发挥到最大限度，团队成功了，个人也就成功了。

把每一件事做到极致

人但有追求，世界亦会让路。

——爱默生

什么样的人能够脱颖而出？是那些能够把事情做到极致的人。做到极致，就是你考虑的方面比绝大多数人广、深度比绝大多数人深，而且持续反省能不能更好。坚持下来，不成功都难。

小米科技创始人、董事长兼首席执行官雷军曾经在一个以创业为主题的活动上表示，创业者一定要将产品做到极致，做到极致的意思就是把自己逼疯，把别人憋死。

他用两个例子阐述了什么是将产品做到极致。暴雪工作室是第一个例子。2012 年，《暗黑破坏神Ⅲ》震撼发布，距离该系列的上一款游戏《暗黑破坏神Ⅱ》12 年时间。在这 12 年的时间里，暴雪工作室不断调整，多次将游戏回炉重造。雷军表示，这就是一种将产品做到极致的表现。

另外一个例子是价格战。雷军表示，免费就是价格战的极致。亚马逊连续 6 年亏损 12 亿美元，通过免费赢得市场份额，最终成为一家伟大的电商网站。

雷军还表示，互联网领域里所有人工作时间都是 7×24 小时的，而传统行业人们工作时间是 5×8 小时的，互联网从业者绝不会像传统行业一样，将非上班时间发生的事情拖到上班时间去做，而是立刻解决，这就是互联网与其他行业最大的不同。反应快、研发快，这样才能更快速地积累经验、改进项目。

同时拥有天使投资人和 40 岁创业者的双重身份，雷军更懂得创业的艰难。"创业如跳悬崖，我 40 岁，还可以为我 18 岁的梦想再赌一回。"

精益生产方式起源于日本丰田汽车公司，目前已在全世界大力推广，它的基本思想是 Just In Time（JIT），也就是"只在需要的时候，按需要的量，生产所需的产品"，追求 7 个 "零"极限目标：零切换、零库存、零浪费、零不良、零故障、零停滞、零灾害。

我们看丰田公司的运营，就会发现精益生产方式其实就是注重细节的生产方式。

丰田汽车公司的主机组装厂是一个生产多种小型客车的现代化大型工厂，除了特别干净明亮和色彩宜人的环境外，粗看并没有什么特别之处，但是细看你就会发现流水线中各项任务的工作量出奇地均衡。这是因为，在这个组装工厂里，各项任务在时间和工作量上都是等同的，因此每个人都在用同一种步调工作。一项任务完成时，其上下工序的员工也同时完成他们的任务。当某一个环节出错时，操作人员会立即启动报警系统，一个电子板会自动闪亮以显示出故障的工作台及克服故障所用的时间，其他工作台的员工就会拿上工具箱，赶到发生故障的工作台帮助同事恢复正常工作。在一班工作结束后，电子板就会汇总所发生的故障及其原因，然后，这些问题就成了项目改进的焦点。

这个例子的关键在于，它向我们展示了丰田汽车公司的一个十分明显的特征：通过工程改进来追求工程的不间断性，每一个误差都要仔细检查、诊断和修正。任何问题，无论多么罕见，都不会被看作可忽略的随机事件。这样注重细节，注重细节之间的衔接就是精益生产的具体体现。

很多人对于"极致"有个认知上的误区，认为"极致"意味着完美。然而汉语词典会告诉你，极致意味着最佳，而完美意味着没有瑕疵。

你肯定听过这么一句话："没有最好，只有更好。"所以，个人认为极致更适合做一个比较词，它衡量一个东西、一件事在有限的资源和客观环境下所能达到的程度。可能有人会认为其他环节虽然重要但程度比不上关键环节，因此把关键环节做好就可以了，不必注意每一个细节。这是一种错误的观点。一旦认识上出现这种偏差，分配的资源和关注度也往往有限，也容易给自己的不注意、忽视寻找借口。

细节决定成败。整个项目能不能成功，必须依赖项目里的每一个细节的支持。每一个细节必须在它有限的资源和客观环境里做到最好的程度，也就是达到极致才能配合整个项目的运行，从而让整个项目达到最好的效果。产品细化到每一个按钮都有它的责任和使命，它是成功必不可少的因素，它们必须在团队的有限资源里做到极致。想法固然重要，细节也同样重要！

与企业"一体化"

万人操弓，共射一招，招无不中。

——吕不韦

一个有奉献精神、有强烈责任心的员工，会把维护公司的利益作为基本的职业道德，视为"修身"的一部分。不管什么时候，都会把公司的利益放在第一位，而不会为了一己私利或个人得失，不顾大局，做有损公司利益的事。

通用公司前 CEO 杰克·韦尔奇曾说过这样一番话："企业是船，你是船员，让船乘风破浪，安全前行，是你不可推卸的责任。一旦遇到风雨、礁石、海浪等种种风险，你不能选择逃避，而应该努力保驾护航，使这艘船安全靠岸。"

生活总有意外的状况，企业经营也如是，在市场的浪潮中奔波，难免会遭遇险阻。此时，有责任心的员工就该把公司当成家，与企业同舟共济，才能渡过难关，共生共赢。这是一种主人翁意识，也是一种对企业的归属感。不要觉得，企业垮了是老板的事，和自己没关系，大不了换一个地方。若不能从态度上有一个根本的转变，始终以局外人的身份在企业中生存，那么无论走到哪儿，都不可能有发展的机会。

士光敏夫在担任日本东芝株式会社社长时，对员工提出过一个严苛的要求：为了事业的人请来，为了工资的人请走。在他看来，能够把事业和自身价值联系在一起的人，才有可能把事业真正做大，即便是企业陷入困境时，他们也能跟企业荣辱与共。为了工资而来的人，看重的只是企业的福利待遇，并不是企业本身。将来有一天，企业出现了危机，他们肯定会拍拍屁股走人，因为他们想要的东西企业已经无法给予了，自然就会重新选择一个能给他们带来物质满足的地方。

不能与公司同舟共济的人，秉持的就是一种打工心态，只有用老板的思维方式去工作，和企业站在一起，才有可能脱颖而出，成为公司里最出色的人物。毕竟，现代企业缺乏的不是人才，而是有责任心、愿与公司捆绑在一起的人才。

之前看过一本畅销书，名曰《与公司共命运》，其中有这样一个案例。

杰克是生活在洛杉矶的一位年轻人，服务于一家知名广告公司。他的总裁叫迈克·约翰逊，比杰克年长几岁，在管理方面非常出色，为人也很好。杰克在公司里负责帮总裁签单、拉客户，由于口才突出，杰克在谈判的过程中，给不少客户都留下了深刻的印象。

杰克刚来公司时，公司的效益还不错，他的工作也进展得挺顺利。不久后，公司承担了一个大项目的策划，负责在城市的各个街道做广告。全体员工都很激动，全身心地投入工作中。全市大概有几千个街道，每个街道都做广告的话，效益相当可观。

总裁约翰逊在发工资那天，召开了全体会议，他讲道："公司承担的这个项目很大，仅仅是准备工作就要耗资几百万，资金相当紧张。所以，当月工资就要放到下个月一起发，请你们体谅一下公司。工资迟早都是你们的，只要我们把项目做好，大家共享利润。"员工对总裁的话都表示赞同，也就同意了。

半年后，情况发生了变化。公司上下辛苦奔波，待全套审批手续批下来时，公司却因为资金不足陷入了停滞状态。此时，别说给员工发工资，就连日常的运营都要依靠银行的贷款来维持。公司的情况不太乐观，欠款数额巨大，银行后来也不肯伸出援手了。

就在这个时候，杰克站了出来，说出了自己的想法：全体员工集资。总裁笑了笑，无奈地拍了拍他的肩膀："能集多少钱？公司又不是几十万就能脱离困境，集资几十万不过是杯水车薪，根本不顶用的。"

当约翰逊总裁把公司的情况坦白告诉所有员工时，一下子人心涣散了，很多人都决定要离开。那些没有拿到工资的员工，把总裁办公室围得水泄不通，见总裁实在没有钱支付工资，就干脆搬走办公室里的东西。

杰克没有这么做，他始终觉得，这个项目是个机会，前期已经做了那么多努力，不能白白浪费。他感慨颇多，想到在沙漠里生存下来的人，心里依然存着希望。不到一周的时间，公司的人已经走得差不多了。有人高薪聘请杰克，让他离职，杰克却说："公司前景好的时候，待我不薄，现在公司有困难，我不能袖手旁观，我不会做那样没有道德的事。只要约翰逊总裁没宣布公司倒闭，他在这里一天，我就在这里一天，哪怕公司只剩下我一个人。"

事情就像预料中的那样，不久后公司真的只剩下杰克一个人陪伴约翰逊总裁了。总裁觉得很愧疚，问他为什么要留下来？杰克笑着说："既然上了船，遇到了风浪，就应该同舟共济。"

街道广告属于城市规划的重点项目，在公司停顿下来后，政府不断催促，公司只好把这个项目转移到另外一家大公司。在签订合同的时候，约翰逊总裁提出了一个硬性条件：必须让杰克在该公司出任项目开发部经理。约翰逊总裁还当面向对方推荐说："杰克是一个不可多得的人才，只要他上了你的船，你就不必担心他会背叛你、抛弃你。"

公司需要精英人才，但更需要与公司共命运的人才。加盟新公司后，杰克担任项目开发部经理。原公司拖欠的工资，新公司补发给了他。新总裁得知杰克在前公司的表现，非常欣慰和敬佩，握着他的手说："这个世界上能与公司共命运的人才很难得。或许，我的公司今后也会遇到困难，我希望有人能与我同舟共济。"在后来的几十年里，杰克一直没有离开这个公司。在他的努力下，公司得到了迅速的发展。如今，他已经成了这家公司的副总裁。

其实，员工和企业本就是一体的，一荣俱荣，一损俱损。不要热衷追求眼前浅薄的私利，要放大自己的格局，培养优秀的职业素养。只有公司先成功了，才有个人的成功，正所谓

"皮之不存，毛之焉附"。我们要把自己当成水手，在面对风雨、险滩、礁石的时候，和企业同舟共济，想办法去战胜它，待到那时，赢家不仅仅是船长，还有水手自己！

八块腹肌来自每天的坚持

逆水行舟用力撑，一篙松劲退千寻。

——董必武

三分钟热度，是当下不少年轻员工的通病。做一件事，开始总是干劲十足，可过不了多久，就松懈了，三天打鱼两天晒网，渐渐失去了动力。直到有一天，看到自己身边的人在该领域做出了不菲的成绩，才又感叹：倘若当初我坚持做下去，情况又会如何？

成功的光环，永远都是最惹眼的，可成功背后的辛苦，却总是冷暖自知。在这个人才辈出、诱惑不断的时代，要秉持一颗恒心真的不易。要想优秀，你得有精湛的技艺、过人的才能，还要有矢志不渝的决心和坚持不懈的努力，保持奋斗精神。

奋斗精神，讲究的是脚踏实地，而非豪言壮语。与其大喊着要实现抱负，不如从切实可行的小事做起。若都是随想，或是随心所欲，不肯坚持和努力，那么纵然有万千创意，到头来也只能欣赏别人成为传奇。

　　现在的自媒体很火，几乎每个人都能够借助互联网建立一个自己的平台，但真正做好、做出效益的，却是万里挑一。这不仅仅是机遇的问题，还有努力的程度。比如，大家都比较熟悉的罗辑思维公众号，罗振宇每天早上 6：30 准时推送一条 60 秒的语音消息，分享他的个人经验、社会见闻、生存技巧等。看似是很简单的一件事，但罗振宇从 2012 年 12 月 21 日开始，直到今天，从未间断过！这样的勤奋和努力，是有目共睹的，也是很多自媒体人所不及的。

　　再说卢松松博客，十年前没有微博和微信时，IT 界几乎人人都有一个独立的博客，博主来写白己的所见所闻，那就是自媒体的前身。在千千万万的博客中，卢松松博客就是其中之一，并不起眼。从 2009 年创建博客，直至现在，每天花费在博客上的时间，都不低于 2 个小时。他曾经在半年的时间里，一针见血地评论了 15000 个独立博客，平均每天 500 个。

　　另一个互联网传奇人物"懂懂日记"，他每天清晨 4：00 ～ 6：00 写出一篇日记，分享个人的感悟、心得，以及周围人的思想智慧，内容涉及生活、工作、情感等各个方面。这件事情，他一做就是 8 年，每天写的日记大概都在 7000 字左右。

　　这些优秀的成功者，都具备锲而不舍、勤奋努力的特质。从他们身上，我们感受到的不只是一种震撼，还有一种敬佩。他们所做的事不是手工艺活，但做事的态度和精神，却与工匠如出一辙。世上没有唾手可得的成功，不认真付出、不刻苦去学、不执着追求，就无法从平庸走向卓越。

勤奋，不只是平凡者走向成功的道路，也是成功者保持领先的必修课。俄罗斯"花游女皇"纳塔利娅说过："即便我们领先别人一大截，但我们依旧每天训练 10 个小时，这是我们成功的秘诀。"哪怕此刻的你，已经很优秀了，但若不勤奋，一定会被别人超越。

斯蒂芬·金是国际有名的恐怖小说大师。他几乎每一天都在做着同样的事情：天蒙蒙亮就起床，伏在打字机前，开始一天的写作，即使在没有灵感的时候，在没什么可写的情况下，每天也要坚持写 5000 字。一年内，斯蒂芬·金只给自己三天休息的时间，剩余的每一天都是在勤奋的创作中度过的。斯蒂芬·金的努力没有白费，勤奋带给他的不只是世界超级富翁的头衔，还给了他永不枯竭的灵感。

勤奋是保证高效率的前提，也是提升能力必做的功课，唯有像工匠一样勤勤恳恳、扎扎实实地去雕琢每一天、每一件事，才能将自己的潜能发挥出来，去创造更多的价值。没有事业至上、勤奋努力的精神，就只能在懒惰懈怠中消耗生命，甚至因为低效而失去谋生之本。

一个人若是萎靡不振、浑浑噩噩度日，他的脸上必定是毫无生气的，做事的时候也不可能有活力，更难出成果。你比别人做得少了，短期内是轻松了，但在激烈的竞争中，一个无法全身心投入工作中的人，势必会被淘汰。倘若本身意识不到问题所在，后续的日子依旧如此，那么到最后，就把自己推到了边缘人的境地，再没有任何的实力去与别人抗衡。

无论你现在从事的是什么工作，也无论你的职位高低，只要勤勤恳恳地去努力，终会在付出中有所收获。这份收获不单单是升职加薪，更重要的是自身实力的提升。

你有一份稳定的工作，有一个完整的家庭。听着别人说，平平淡淡就是福，心里充满了喜悦感。许多年过去了，突然发现，自己拥有的始终是这么多，甚至还有所倒退。

你是一家公司的高管，拿着高薪，享受着优越的办公环境，你就觉得自己现在可以松一口气了，终于坐到了自己想要的位子。安心度日没几年，你慢慢发现自己不能很好地适应这份工作了，你的上司似乎变得越来越苛刻，你的下属变得越来越难管。

问题究竟出在哪儿？为什么生活越来越不如愿了？很简单，不是你不够努力，而是比你优秀的人比你更努力。

一位即将被辞退的员工，走进了老板的办公室，做最后的工作交接。在他离开之前，老板给他开了当月的工资，外加一个月的奖金。而后，老板面带笑容，缓缓地讲起了自己的故事：

年轻的时候，我就是个从农村里出来的一贫如洗的小伙子，带着母亲给我的几百块钱在深圳打拼。有人说，深圳是个造梦的天堂，可我觉得生活在底层的人们就像活在地狱里，受人歧视，被人欺负。吃不饱饭，没有钱买衣服，整天为别人打工，失去自由。

十年前的我，没有能力，没有学历，没有背景，在这样一个繁华的大都市里静静地盯着夕阳，看着日落，惆怅地睁不开眼。而母亲的病一天一天在加重，我对这个世界很绝望。

我做过很多工作，第一份工作就是给人洗车，后来老板丢了东西，不知怎么地就在我的床上找到了，然后我被赶了出来，拖欠的工资一分钱也没有给我。我就这么身无分文走在灯红酒绿的街头，看着一家一家商店灯火通明，自己却无处可依。晚上没有地方睡觉，我就在公园的躺椅上睡，薄薄的被子让我翻来覆去睡不着。

三天的流浪生活，让我吃尽了苦头。在这座繁华的都市，我觉得自己好像被全世界抛弃了。那一刻，我难过得只想哭，深刻的痛楚让我的头脑瞬间清醒。我决定改变自己，我不想一直这个样子。凭什么别人能做到的事情我就不能做到呢，凭什么上帝不是公平的？我是个健康的人，有手有脚有大脑。

清醒后的我，卷起自己破破烂烂的行李，在街头开始找工作。看见有招聘的我就推门进去，人家看我脏兮兮的，觉得我这个人不老实，都不愿意聘用我。直到有一个酒吧急需招人，我才有了一份能养活自己的工作。

我的工作是当保安，有时候客人吃晚饭不买单，他们是来找事的，老板就让我去找他们理论，那些人不分青红皂白就揍我一顿。当我忍着剧痛满脸是血出来的时候，那些人已经走远了。老板却对我说，怎么这么笨啊，他们不买单就从你工资里扣。

我当时痛苦极了，我发誓，这一辈子一定要出人头地，否则永远也不回家。

后来发了工资，我就把自己打扮了一番，重新换了一份比较安全的工作，是在超市里当保安。保安的工作是轮班制，白天我在门前站岗，下午六点下班以后，就开始出去发传单。这样干了整整半年，除了自己的开销，还存下了一笔钱，我拿着那些钱，给自己报了一个培训班。后来辞去了保安的工作，在一家大的饭店里干了三年。老板见我人比较勤快，又能吃苦，就提升我为主管，开始教我一些管理方面的知识，我认真地学，牢牢地记，学着如何与人打交道，学习如何干好自己的工作。

第四年，我辞去主管的工作，自己开了一家小饭馆，每天起早贪黑。我们的服务态度很好，老顾客会经常光顾。时间长了以后，我们的生意渐渐好了起来。又过了两年，我就把自己所有的积蓄拿出来，将店面重新装修了一下，规模比原先大一倍，并把爸妈接过来帮忙。

直到现在，我有了自己的家庭，房子，车子，什么都有了，母亲的病也在慢慢调理中。这些年的奋斗都源于我在公园里躺的那三天，我不希望自己永远活得卑微，我就是我，我不满足自己的现状，我要改变自己。我希望活出自己的一片天地，生活永远在你手中，你愿意给自己创造什么样的生活，就会有什么样的未来。

　　人生不止，奋斗不息。如若思想上停留在满足的状态，那么行动上不管是主动还是被动，都是一种浪费。思想决定着动机，满足于现在的安逸和稳定，自然就不会再斗志昂扬去拼搏和进取。

　　如果你的梦想还没有实现，如果你对现在的状态并不满意，只是贪恋着一份安逸，那么不如从现在开始，尝试着做出一点儿改变，每天多努力一点点，朝着正确的、心中所属的目标前进。

　　或许，成功看似还很远，但只要路是对的，坚持走下去，总会有收获。停留在此刻，等待的唯有生命力的枯竭。

忠诚第一

做事先做人，一个人无论成就多大的事业，人品永远是第一位的，而人品的第一要素就是忠诚。

——李嘉诚

关于"双料博士找不到工作"的事，不知大家听过没有？

一个颇有才学的年轻人，先在一所知名大学修了法律专业，后又在另一所大学修了工程管理专业。按理说，这么优秀的人找工作应当很容易，可事实根本不是这样，他最后被很多企业拉入了黑名单，成为永不录用的对象。

为什么会这样呢？原因是，他毕业后先去了一家研究所，凭借自己的才华研发出了一项重要技术，也算是年轻有为。然而，当时研究所给他的工资待遇不高，他心里有些愤愤不平，就跳槽到了一家私企，并以出让那项技术为代价换来了公司副总的职务。三年后，他又带着这家公司的机密跳槽了。就这样，他先后背弃了不下五家公司，许多大公司得知他的品行后，都不敢录用他。此时，他才意识到，原来对公司不忠诚，最终受损的是自己。

英国某权威医学杂志曾经公布过美国军医的一项调查：部署在亚洲某地的美国海军陆战队士兵中，有 90% 都曾受到过攻击，大多数人都目睹过战友阵亡或受伤。由于长期处在紧张状态，时刻面临危险，陆战队员的心理健康都受到了不同程度的损害。该调查结果显示，约有 1/6 的士兵在完成任务后出现了心理问题，这个比例与越南战争期间基本持平。

战争是残酷的，可对于美国士兵来说，有幸加入海军陆战队仍然是一种荣誉。曾在军中服役 27 年的一位军士长说："为了跟战友一起出征，我推迟了退役时间。如果我战前退役，我就不算一名真正的陆战队队员。"另一位少校则说："人们出于什么目的加入海军陆战队并不重要，重要的是他们认可我们的价值观、我们的历史和我们的传统。"

这一切，无疑都表明了一点：美国海军陆战队士兵有着高度的忠诚度，他们忠诚于自己的军队，甚至不惧死亡。"永远忠诚"对美国海军陆战队来说，不是一句空话，而是一种生活方式。

与此同时，也有人对上百家企业进行深入研究，想知道什么因素能让员工有资格与老板保持密切关系，并得到重用。研究的结果表明：忠诚度，决定了员工在企业中的地位，以及受到重用的可能性！

笔者常常会给员工们做这样一个比喻：企业就像是一个同心圆，老板是圆心，员工是外圆。离圆心（老板）最近的不是高层主管，离圆心（老板）最远的也不是基层职员，外圆的远近由员工的忠诚度来决定。谁最忠诚，谁与老板的距离最近。不信的话，你可以看看：在企业里升职最快的人，一定是那些忠诚度高的员工。因为老板宁愿信任一个能力差一些但足够忠诚的人，也不会重用一个能力非凡却朝秦暮楚的人。这就是我们常说的：忠诚胜于能力。

有一位女职业经理人，样貌平平，学历也不高，最初是在一家房地产公司做电脑打字员。当时她的工位与老板的办公室之间隔着一块大玻璃，老板的一举一动只要愿意就能看得清清楚楚，但她很少往老板那边看，一来每天有打不完的材料，二来自己只想靠认真工作与别人一争长短。

她说，虽然那时候只是一个打字员，可她深觉老板创业很不容易。她尽可能地为公司打算，打印纸不舍得浪费一张，如果不是要紧的文件，她就双页打印。公司的运作步履维艰，一年后员工工资告急，很多同事都跳槽了，最后总经理办公室的员工就只剩下她一个人。人少了，她的工作量必然比以前更大，除了打字，还要接电话、为老板整理文件。

她看得出来，老板的情绪很低落，甚至有点儿放任了。有一天中午，她忍不住跑到老板的办公室，直截了当地问："您认为自己的公司已经垮了吗？"老板很吃惊，但很快回答："没有！""既然没有，您就不该这么消沉。现在的情况确实不太好，可许多公司也面临着同样的问题，不只是我们一家。我知道，您现在为了砸在工程上的那笔钱发愁，可公司还没有全死啊！

我们还有一个公寓的项目，只要做好了，就能周转开。"说完，她拿出了那个项目的策划文案。

几天后，她被委派去做那个项目。两个月后，那片位置不算太好的公寓全部先期售出，她拿到了 3800 万元的支票，公司起死回生。之后的她，不再是公司里的打字员，而是副总。她协助老板做成了几个大的项目，还忙里偷闲地炒了大半年的股票，为公司净赚了 600 万元。四年后，公司改成股份制，老板成了董事长，她成了公司第一任总经理。

我问过她："为公司炒股赢利，你是怎么做到的？"

她的回答很简单："一要用心，二要没私心。"

仔细琢磨她的话，感觉事实的确如此。很多员工一方面在为公司工作，另一方面却打着个人的小算盘，这样怎么能让公司盈利呢？这位女职业经理人，始终秉承着一颗忠于公司、忠于岗位、忠于老板的心，这些忠诚，最终成就了公司，也成就了她自己。

扪心自问：你是一个忠诚于企业的员工吗？请认真思考下面这三个问题后再做回答。

（1）你尽心尽力做好本职工作了吗？

忠诚不是空口号，而要落实到行动中，最直接的表现莫过于做好自己的本职工作，尽到自己该尽的责任。很多员工对未来充满幻想，对眼下的工作却敷衍了事，殊不知薪水的增加、职位的晋升全部都是建立在忠实履行日常工作职责的基础上的，你若总是浑浑噩噩，如何让企业把重任交付给你？

（2）你关心企业的发展，与之共命运吗？

员工的前途与企业的命运是紧密相连的，一荣俱荣，一损俱损。如果把公司和自己区分开，认为公司的盈利亏损不是自己该操心的事，只要自己每天按时上班下班，就该按月拿工资，一旦公司举步维艰，就辞职走人、另谋高就，这样的人走到哪儿都不会有好的发展。只有那些想公司所想、急公司所急的人，才能在处理问题的过程中不断提升能力，获得老板的信任。

（3）你时刻维护企业形象，重视企业利益吗？

一个忠诚的员工，不会把公司当作谋生的场所，只顾拿薪水，不顾公司的荣誉。维护企业形象，从点滴的小事中就能知晓：接听客户电话时注意语气；遇到投诉时心平气和；解决问题时态度诚恳……在公司上班的每一天，深知自己代表的不是个人，而是整个公司，不容许因为自己不经意的冷淡和鲁莽，致使公司蒙受荣誉和利益上的损失。

对企业而言，人才绝对是难能可贵的财富，可如果用了一个不忠诚于企业的人才，那给企业带来的损失远比他能创造的价值还大，谁愿意冒这个险呢？所以，一个不忠诚于企业的人才，即便再有能力、再不凡，也没有人会欣赏他的才华。做人，远比做事更重要。如果你选择了现在的企业，那就请你负责任地干活吧！既然老板付给你薪水，让你得到了温饱，得到了锻炼的机会，那你就该支持他、称赞他、感激他，和他站在同一立场，为他所代表的机构赢得利益和荣誉！

"麦金利"——管理者：担当、感恩、奉献铸就企业精英

身为领导者，我的身边有着美国最具智慧的人物，我也见识过很多聪明绝顶的风云人物。但罗文给我的感触是如此深刻，我愿意把任何重担交给这样的人。

——"麦金利"的独白

责任：担当的情怀，不推卸的品格

欲尽致君事业，先求养气功夫。

——陆游

希腊神话中，人始终背负着一个行囊在赶路，肩上担负着家庭、事业、朋友、儿女、希望等，历尽艰辛，却无法丢弃其中任何一样东西。因为，行囊上面写着两个字：责任。

走出神话，回归现实，亦是如此。每个人在生活中扮演着

不同的角色，无论出身贫寒或富贵，都当对自己所扮演的角色负责。文成公主远嫁匈奴，花木兰代父从军，张骞通西域，玄奘西游拜佛求经……都是在做自己该做的事，尽自己该尽的责任。

人可以清贫，可以不伟大，但不能没有担当，无论何时都不能放弃自己肩上的责任。有担当的人生才能尽显豪迈与大气；有担当的家庭才有安稳与幸福；有担当的社会才能有和谐与发展。只有勇敢承担责任的人，才会被赋予更多的使命，才有资格获得更大的荣誉。丢掉了担当，就会失去别人对自己的尊重与信任，最终失去所有。

经常会听到一些年轻人抱怨，说领导给自己安排了太多的工作，却从来没有提加薪的事，自己一点儿动力都没有，每次都是敷衍了事。说这些话的员工，其实是很不负责任的。试想一下：医生能因为工资低、病患多，就敷衍了事地对待患者、马马虎虎地去完成一个手术吗？护士能因为总加班、琐事多，就漫不经心地给患者用药吗？

不要觉得，只有这些与生命息息相关的工作，才需要兢兢业业、谨小慎微、尽职尽责，任何一个企业、任何一个职业、任何一个岗位，都需要负责任、有担当的员工。你玩忽职守、随随便便，就等于放弃了工作中最宝贵的东西，也势必会为此付出沉痛的代价。这种代价，或是金钱，或是生命。

曾经，一所中学在下晚自习时，1500 多名学生在从教学楼东西两个楼道口下楼，教学楼的一段楼梯护栏突然发生了坍塌。

由于楼道里没有灯光，一片黑暗，且楼道内十分拥挤，学生们在惊慌失措的情况下，多人摔下楼梯，最终导致 21 人死亡、47 人受伤。

警方调查后发现，酿造这起惨剧的原因是：学校基础管理工作混乱。

首先，在事故发生地的楼梯处，12 盏灯中，1 盏灯没有灯泡，其余 11 盏灯不亮。事故发生的当天下午，有老师向校长反映了照明的问题，可校长却以管灯泡的人员不在为由，没有及时处理潜在的安全隐患。其次，技术监督部门怀疑，该校教学楼楼梯护栏实际使用的钢筋强度没有达到相关标准，很可能在建造过程中偷工减料了，且学校在这座教学楼未经验收的情况下就投入使用，完全没有考虑到师生的安全。再次，事故发生时，带班在岗的校长敷衍塞责，正与本校和其他学校的 18 位老师在一家饭店聚会。

回顾整件事情的经过不难发现，惨剧的发生绝非偶然，若相关人员没有玩忽职守、忽视责任，也许就不会让那么多如花的生命黯然凋零了。放弃在工作中的责任，就如同放弃工作本身，这种代价是巨大的，甚至是你意想不到的。

美国火车站有一个火车后厢刹车员，人很机灵，总是笑眯眯的，乘客们都挺喜欢他。可每次遇到加班的情况，他就会抱怨不停。有一天晚上，一场突然降临的暴风雪导致火车晚点，这就意味着他又得加班了。他一边抱怨着天气，一边想着如何逃掉夜间的加班。

暴风雪本来已经够令人心烦了，更糟糕的是，它又阻碍了一辆快速列车的运行，这辆快速列车几分钟后不得不拐到他所在的这条轨道上来。列车长收到情报后，立刻命令他拿着红灯到后车厢去，做了多年的刹车员，他也知道这件事很重要，可想到车厢后面还有一个工程师和助理刹车员，他也就没太在意。他告诉列车长，后面有人守着，自己拿件外套就要出去。列车长严肃地警告他，人命关天，一分钟也不能等，那列火车马上就来了。

他平日里懒散惯了，列车长走后，他喝了几口酒，驱了驱寒气，吹着口哨漫不经心地往后车厢走去。可等他走到距离后车厢十几米的时候，他突然发现，工程师和助理刹车员竟然都没在里面。这时，他才想起来，半个小时前他们已经被列车长调到前面的车厢处理其他事情了。

他慌了神，快步地跑过去。可是，太晚了！那列快速列车的车头瞬间就撞到了他所在的这列火车上，紧接着就是巨大的声响和乘客们的呼喊声。事后，人们在一个谷仓里发现了这个刹车员，他一直自言自语："我本应该……"他疯了。

工作，就意味着责任。世界上没有不需要承担责任的工作，不能以职位低、薪水少为由来推卸责任。你要明白，职位与权力和责任是成正比的，你若连最基本的工作都不屑于做好，那企业如何给予你高薪厚禄，让你去挑起更重的担子，扛起更大的责任?

什么样的员工才称得上有责任心、有担当?

1. 勇敢承担责任，坚决完成任务

很多人对马拉松比赛都不陌生，但真正了解这项比赛因何诞生的人却寥寥无几。

公元前 490 年，希腊与波斯在马拉松平原上展开了一次激烈的战斗，希腊士兵打败了入侵的波斯人。将军命令士兵菲迪皮茨在最短的时间内把捷报送到雅典，给深陷困顿的雅典人带去希望。接到命令后，菲迪皮茨从马拉松平原马不停蹄地跑回雅典，那段路程大约有 40 公里。当他跑到雅典把胜利的消息带到的时候，他却因过度劳累倒下了，再也没有起来。

希腊人为了纪念这位英勇的士兵，在 1896 年希腊雅典举行的近代第一届奥林匹克运动会上，就用这个距离作为一个竞赛项目，用以纪念这位士兵，也用以激励那些敢于承担、坚持完成任务的人。

在企业中工作，从接到命令和任务的那一刻起，就应当立刻执行，并抱着坚决完成任务的信念，克服种种困难。因为，这是你的工作，也是你的责任。

2. 虔诚地对待工作，把工作当成使命

古希腊雕刻家菲狄亚斯被委任雕刻一尊雕像，可当他完成

雕像要求支付酬劳时，雅典市的会计官却耍起了无赖，说没有人看见菲迪亚斯的工作过程，不能支付他薪水。菲迪亚斯当即反驳道："你错了，神明看见了！神明在把这项工作委派给我的时候，就一直在旁边注视着我的灵魂。他知道我是如何一点一滴地完成这尊雕像的。"

每个人心中都有一个神明，菲狄亚斯坚信神明见证了自己的努力，也坚信自己的雕像是完美的作品。事实也的确如此，在两千多年后的今天，那座雕像依然伫立在神殿的屋顶上，成为受人敬仰的艺术作品。

在菲狄亚斯看来，雕塑是他的工作，也是他的使命。他的内心有自己的工作标准，无论外人怎么看，他都认定自己的雕塑是完美的；不管有没有人监视，他都虔诚地对待自己的工作。正是这种强烈的责任心和兢兢业业的精神，成就了他的伟大杰作。

也许你不是雕塑家，但你却可以像菲狄亚斯一样，把自己的工作当成一种使命，以高度的责任心和严格的标准完成它。在接受一项任务的时候，由衷地热爱它，努力地做好它，这就是实实在在的担当！

3. 主动自觉地去工作

一家知名企业曾在某名牌大学的礼堂举行专场招聘会，会上不少学生积极应聘，希望能进入这家企业工作，可是碍于招聘条件的严苛，许多热情的学生都被拒之门外。招聘会散场时，礼堂里有一把椅子的座套被碰掉在地上，学生们从旁边陆续经过，一个、两个、三个……这时，有个年轻的女孩主动弯腰捡起座套，掸掉灰尘重新把它套在了椅子上。

负责招聘的人力资源部经理恰好看到了这一幕，她问那个女生是不是大四的毕业生，女孩说自己在读大三。经理觉得很惋惜，说如果这个女孩是应届毕业生，不需要任何面试，就会录用她。助理问及缘由，经理说："大概有20多个毕业生经过那个地方，却没有一个人弯腰捡起座套，这也说明，他们没有养成主动做事的习惯。"

西方有句谚语说得好："你看见主动自觉的人了吗？他必定站在君王的身边。"主动做事的人能够得到赏识，是因为明白工作不是为了企业和老板，而是为了自己学到更多的知识，积累更多的经验，所以能够全身心地投入工作中去，主动去做事。

如果你想登上成功之梯的最高阶，就要保持负责的工作态度。即使你面对的是毫无挑战或毫无生趣的工作，但你若能意识到自己的责任，那么在这种力量的推动下你就会产生主动做事的欲望，最终得到丰厚的回报。因为，机会永远垂青有担当、不推卸责任的人。

荣誉感：看不见的力量

> 不朽之名誉，独存于德。
>
> ——彼德拉克

什么是职业荣誉感？简单来说，就是对工作怀着一份要把它做好的决心，并为做好工作后得到的尊敬和成就感到光荣的一种心理感受。

一个人对自己的公司和工作没有荣誉感，做事就会马马虎虎，遇到突发事件，会付出最惨重的代价，他不会以高标准来要求自己，更不会在发生重大失误时认识到自己的错误。没有荣誉感的员工，到哪儿都不会受欢迎。

很多大度的领导，不介意员工在背后说自己的坏话，但他们非常介意员工说公司的坏话。对公司和工作都没有自豪感的员工，就不会尽全力做事，他们的精神面貌，就是公司好坏的晴雨表。对此，松下幸之助提出过"五分钟了解一个企业"的观点：不要看它的规章制度，不需要看它的报表，你只需要观察企业员工的一言一行，一举一动，就能感受到企业背后有一股什么样的"精气神"，在支撑着这个企业的发展。

IBM 公司刚成立时，老沃森就开始向员工灌输一种理念：IBM 是一家特别的公司，你要是不相信这家公司是世界上最伟大的公司，你在任何事业上都不会成功。当他的儿子小沃森接管公司后，依然也在宣扬这样的理念，他在自己的著作《与众不同的 IBM 公司》中写道："如果我们认为自己只是随随便便地为一家公司工作，那么我们就会变成一家随随便便的公司。我们必须拥有 IBM 公司与众不同的观念。你一旦有了这样的观念，就很容易发挥出所需要的驱动力，致力于继续保持这种事实。"

就是靠着这样的企业文化，IBM 的员工始终对自己的公司感到骄傲。这份荣誉感促使他们不断追求卓越，创造了 IBM 一个又一个的神话。这也证明，当我们发自内心认定了一份工作是有意义的，有前途的，那就能唤起对工作的热忱，把工作做到最好。

西点军校里有一条"荣誉法则"："每个学员绝不说谎、欺骗或偷盗，也决不容许其他人这样做。"其实，这就是在培养学员的集体荣誉感。在西点军校的教育中，荣誉教育向来都处于优先地位，它把荣誉看得至高无上。每位学员都要牢记所有的军阶、徽章、肩章、奖章的样式和区别，记住它们所代表的荣誉。我们的企业或许没有提出过类似的规章制度，但我们应当从西点军校的荣誉教育结果上有所触动，努力培养自己对职业的荣誉感。

曾经，某知名企业家入驻希尔顿饭店。早晨起床，他刚打开门，走廊尽头的服务生就热情地走过来，跟他打招呼："早上好，凯普先生。"企业家觉得，清晨问好是很正常的事，但他如何知道自己名字的？他问服务生："你怎么知道我叫凯普？"服务生说："客人休息以后，我们要记住每一个房间客人的名字。"

随后这位企业家从四楼坐电梯下去，到了一楼，电梯门一打开，有个服务生站在那里，连忙向他打招呼："早上好，凯普先生。"企业家挺好奇，就询问服务生怎么知道自己要下来。服务生说："上面有电话下来，说您乘坐电梯下来了。"

吃早餐时，服务生送来了一块点心。企业家问，中间红色的是什么？服务生看了一眼，后退一步，告诉他点心的制作材料和工艺。企业家一连问了几个问题，每次服务生都是上前看过后，往后退一步再回答。因为，他担心自己的唾沫飞到客人的早餐上。

这件事给企业家留下了很深的印象，虽然只是一些细微之处，可他却感受到了这些员工对希尔顿饭店的热爱，对自己所从事工作的热爱。若是没有荣誉感，没有时刻把希尔顿饭店装在心里，把自己的责任装在心里，他们不可能如此自动自发。

几乎每一家历史悠久、口碑良好的企业，都有大量心怀荣誉感的员工。希尔顿饭店如是，可口可乐公司也是这样。在可口可乐人眼里，他们的可乐不是普通的饮料，而是充满魔力的"神水"。一位记者曾经形容说："无论我去到哪里，总是惊讶地发现，为可口可乐工作的员工对这种产品居然会如此崇敬。"

可口可乐的员工，把他们的工作当成了一种使命，一种信仰，而不单单是谋生之道。有很多人离开可口可乐公司多年后，依然保持着当初的那份信仰，认为可口可乐公司是世界上最好的公司，它的销售技巧是最出色的，产品是最优质的。

看到这里，相信还有人会心存不屑：荣誉感到底有什么用？我能得到什么？

答案很明了，看看可口可乐公司这些年的发展就知道。可口可乐人坚信公司的实力和发展前景，在言行举止上处处维护公司的声誉，形成一个团结的集体，单从可口可乐原液配方的绝对保密上，就足以看出他们对公司的感情。可口可乐在他们的共同维护下，也发展成了世界巨头企业，它也回馈给员工丰厚的回报。荣誉感建立的基础，就是把自己和公司视为一家，不分你我。

要相信一句话：公司就是你的船！水涨船高的道理，不用多说，你也一定懂得。

懂得感恩的人运气都不会差

> 对顺境逆境都要心存感恩，让自己用一颗柔软的
> 心包容世界。柔软的心最有力量。
>
> ——林清玄

愿意放弃才不会苦，适度的知足才不会悔；记住感恩才不会怨，懂得去珍惜才不会愧。人生，在心淡中求满足，在尽责中求心安，在奉献中求快乐，在忠诚中求幸福。

无论是浴血奋战的战场还是维护真理的辩堂，骑士们都敢站出来，奉献自己所能奉献的一切。那是对生命的一份感恩，对使命的一份责任，对信仰的一份坚持。回顾职场之路，扪心自问：你把工作当成一种馈赠、一种天职、一种使命了吗？

没有感恩，就没有奉献；一切付出，都源于珍惜。

日本一家大型公司招聘员工，终试由社长亲自把关，题目只有一个："你有没有为母亲洗过脚？"有个年轻的小伙子回答"没有"，社长建议他回去给母亲洗脚，三天后再来面试。

小伙子回家端了一盆热水给母亲洗脚，他从来没有如此近距离地跟母亲接触过，他的内心感到无比温暖。同时，他也惊讶地发现，母亲的脚相当粗糙，结满了茧。那一瞬间，他百感交集。母亲一直不辞劳苦，为家人默默付出，而他这些年来却从未真正关心过母亲。经过这次亲身体验，他深刻地体会到母亲对家人的无私奉献，和那份深沉厚重的母爱。

三天后，小伙子向社长如实讲述了自己的感受。结果不言自明，他被录用了。

很多人不解，为什么要设置这样一道题？那位社长的解释，如今再看，依然令人动容。他说："会做事不如会做人，会做人不如会感恩，会感恩的人是最好用的人。懂得对人感恩，就懂得同事间的支持与合作；懂得对事感恩，就会珍惜企业提供的工作和成长的机会，不怕事多，不怕事烦；懂得对物感恩，就会为公司节省和控制成本，不浪费，不奢侈，物尽其用。"

一字一句，恰如其实。工作对每个人而言，都有极大的价值和意义。你从工作中获得的一切，享受到的一切，都是由许多人共同创造和奉献的，包括你的老板、你的同事、你的客户，乃至你的竞争对手。

工作，是眼睛能看见的爱，是对生命的感恩与责任。如果你在内心深处有了这样的认识，你就不会再把工作视为谋生的手段，敷衍了事、拖沓埋怨，而是带着一份感激对待每一个人，像完成使命一样去做每一件事，哪怕是对手，哪怕是麻烦。

在一次会议上，陕西鼓风机厂的负责人刘先生讲述了一段往事：

数年前，一家工厂从陕西鼓风机厂购买了一台数百万元的鼓风机，当这家工厂负责维护此机器的工程师退休时，竟然给陕西鼓风机厂写了一封信，内容不长，却直戳人心："我终于解脱了！你们厂生产的那台鼓风机不争气，今天一个毛病，明天一个毛病，尽管没什么大毛病，但是没办法正常使用，我是今天修明天调，还总担心它会拖公司的后腿。"

老刘得知这一情况后，立刻召开会议，最终决定将那台经常出故障的鼓风机"召回"，给客户制造一台全新的、性能稳定的机器。机器拉回来后，老刘当着众多员工的面说："机器回来了，但这不是其他人的错，是我失职造成的，我先做检讨，将我的奖金和工资退出来，作为新机器生产的一点儿成本。"

就在老刘把钱交到财务室的两天后，财务又收到了一部分奖金，这些钱大部分是当年参与这台机器设计、生产、制造的员工退回来的，其中有些老员工已经退休，还有一部分是与这台机器没有任何直接关系的车间和科室人员退回的，大家都觉得自己身为企业员工，应当共担责任。没想到，这场由老刘开始的"退奖金"活动，在很短的时间里竟然收到了两百多万元的制造费用。

老刘既震惊又感动，自己是多么幸运啊，有这样一群好员工！当客户收到了陕西鼓风机厂送去的新鼓风机，并知道这台机器背后的故事时，特意送来锦旗，曾经所有的不满都化成了满满的感动。

在市场竞争激烈的大环境中，陕西鼓风机厂这一传统的国有企业，凭借什么确立了自己的地位并获得长久的发展？答案正是员工的责任心和感恩心！他们深知自己与陕西鼓风机厂的命运联在一起，无论自己取得了多大的成就，都是借助陕西鼓风机厂这个平台实现的。那些愿意主动拿出奖金的员工，恰恰是在用自己力所能及的行动来回报这份馈赠。

美国心理学家杰弗·戴维森说过："积极的心态源于对工作和人生的感恩精神，凡事不要想得太悲观、太绝望；否则你眼中的世界将是一片灰暗、一片混沌，工作起来自然也就打不起精神。"没有感恩的心，工作中任何一点儿不愉快、不完美之处，都会被无限放大；心怀感恩之情，工作中再大的苦难，再多的烦恼，都能迎刃而解。

笔者常去的那家汽车修理厂，老板是一个手艺精湛的修车工，经过几次接触后，笔者和他渐渐也就熟悉了。笔者曾经问过他："你干修车这行，是不是吃了不少苦？"他笑着说："我16岁开始就做了学徒，到现在已经有15年了。做学徒那会儿，冬天的早晨特别冷，手都快冻僵了，还是得去擦洗东西，拿错了工具、做错事还得被师父骂，有时真吃不消。可我一想到'吃苦是为了自己的将来'，也就没有怨言了。

"有时候，来修车的人少，没什么活，我不仅没偷着乐，反倒还着急，一是觉得拿了老板的钱没做事，二是觉得自己少了动手实操的机会。渐渐地，师父发现我勤快、好学，对我也挺照顾的，我的技术也越来越好。在那里干了七八年，对这行也有了一定的了解，我就自己出来单干了，师父也帮了我不少忙。说实话，我到现在都感谢他。要没有他，就没有我的今天。"

现如今，他的修理厂也有几个学徒工，可对工作的态度却跟他大不相同。

有一次，一个学徒工在闲聊时跟笔者抱怨："修理这活儿太脏，蹭得身上哪儿都是油，也赚不了多少钱。"从他的语气和表情，我能明显感觉到，他对这份工作不怎么喜欢，甚至觉得很没前途，想到自己的大好时光就在无休止的重复中浪费，心里挺悲观。那学徒时刻盯着师父的眼神和动作，稍有空隙就伺机偷懒，应付手里的工作，盼着早点儿下班。

是现代生活压力太大、诱惑太多，让小学徒不满现状、抱怨连连吗？似乎不是，有些和他年纪相仿、工作环境相同的人，也在认真干活、踏实努力！

是老板过于苛刻、不尊重学徒吗？似乎也不是，那修车厂的老板为人随和，对学徒们很照顾，饭菜上从来都不马虎，总说这些孩子（学徒）不容易。毕竟，他也是从学徒走过来的。

唯一的原因就是学徒的心态。他从来没有用感恩的心去看待过自己的工作，从不知道脏活、累活也是老板对他的信任与培养，更不知道这份工作是在为他自己赚技能、赚经验、赚前途！做好该做的事，不是为了给老板看，而为了给自己创造更多的发展空间和机会。

生活需要感恩，职场更需要感恩。

感恩公司！它给了你施展能力的空间，让你有了实现个人价值的舞台！

感恩老板！他严格要求你，让你在工作中不断完善、不断进步、不断发展。

感恩同事！他陪伴你度过每一个工作日，让你懂得支持与合作的意义。

感恩客户！他磨炼了你的耐性，让你变得坚强，收获被信任的喜悦。

感恩对手！他挑战了你的潜能，让你在竞争中提升，在较量中成长。

感恩你在工作中遇到的所有人、所有事吧！懂得感恩，你会站得更高、走得更远。

不平凡，从敬业开始

> 神圣的工作在每个人的日常事务里，理想的前途在于一点一滴做起。
>
> ——谢觉哉

他1956年高小毕业后，当过通讯员和公务员，参加过根治沩水工程，多次被评为模范工作者。他1960年参加中国人民解放军，参军2年零8个月的时间里，荣立二等功一次，三等功三次，受嘉奖多次，被评为"节约标兵"和"模范共青团员"。他，就是雷锋。

爱岗敬业的精神，始终根植在雷锋的心里，干一行爱一行的钉子精神，也让他平凡的生命闪耀出了人性最坚实的光芒。时代在变迁，每个人都在寻找自己的位置和方向，有什么东西能够让我们坚定执着、实现自我、不会迷失？答案就是：信念、进取、爱岗、踏实。

很多人觉得，这些话过于空泛，似乎雷锋的钉子精神已经过时了。其实，任何"过时"都是形式上的，真正重要的东西永远留存。那些成大事者，有哪一个不是兢兢业业地奋斗过，全身心地扑在了热爱的工作上，像钉子一样钻进了所在的领域中？

洛克菲勒刚到石油公司时，一没学历，二没技术，只能负责检查石油罐盖有没有自动焊接好。在外人看来，没有比这份差事更枯燥、更没技术含量的了。可洛克菲勒却做得很认真，结果研制出了"38滴型"焊接机。用这种焊接机，每只罐盖比原来节约一滴焊接剂，而一年下来就能给公司节约几百万美元。凭借着这份敬业的态度和不断完善的专业技能，他最终走向了世界石油大亨的位置。

在人生的舞台上，从来没有小角色，有的只是小演员。工作就是一个舞台，你我都是演员，饰演着不同的角色，但用心和不用心，结果是有目共睹的。管理咨询专家梦迪·斯泰尔在给《洛杉矶时报》撰写的专栏中，写过这样一番话：

"每个人都被赋予了工作的权利。一个人对待工作的态度决定了这个人对待生命的态度。工作是人的天职，是人类共同拥有和崇尚的一种精神。当我们把工作当成一项使命时，就能从中学到更多的知识，积累更多的经验，就能从全身心投入工作的过程中找到快乐，实现人生的价值。这种工作态度或许不会有立竿见影的效果，但可以肯定的是，当'应付工作'成为一种习惯时，其结果可想而知。工作上的日渐平庸虽然从表面看起来只是损失了一些金钱或时间，但是对你的人生将留下无法挽回的遗憾。"

　　毕业于中医学院的赵某，面对激烈的竞争，只好选择迂回道路：先就业，再择业。

　　赵某就职的医院，主要是缺乏临床大夫和药剂师，中医并不太受重视。他入职后，就被安排到门诊部实习。在赵某看来，真是有点儿大材小用。

　　每天面对着一板一眼的老中医，还有那些难闻的中药味、烦琐的诊断，他感到很厌烦，每天都在抱怨。几个月过去了，他依然开不出一张像样的处方，连患者的脉搏也找不准。可即便如此，他还是摆出一副名牌大学生的派头，说领导不识人才。有时，他甚至还跟患者说，中医根本不靠谱，把主治医生气得顿足捶胸。半年的时间里，他犯了不少"大错"，这都是作为医生不该犯的错误，为了让他心理"平衡"点儿，不再怨声载道，医院主动跟他解除了合同。

　　不敬业、不专业的人，得到这样的结果是必然的。现代社会，眼高手低的人很多，总想着去创造不平凡，对枯燥单调的事情不屑一顾，觉得自己很有才学，做这些事没有前途……可真正让他去做重要的事情时，又因为缺乏经验和能力搞得一塌糊涂。试问：小事都做不好，如何做大事？只有全身心投入工作中，以敬业的态度对待所有事，才有可能迎来机遇。

20世纪50年代初，美国有一个叫柯林的年轻人，每天早早地去卡车公司联合会大楼找零活做。后来，有一家可乐工厂需要擦洗车间地板的清洁工，其他人都不愿意去，柯林接了这份差事。他知道，做什么不要紧，只要做好了，总会有人注意到。一次，工厂有人打碎了50箱汽水，满地都是泡沫。柯林有点儿生气，但还是耐心地把地板清理干净了。第二年，他被调往装瓶部，第三年升职为副工头。

这次经历给柯林带来很大的触动，他在回忆录里写道："一切工作都是光荣的。永远尽自己最大的努力，因为有眼睛在注视着你。"多年后，全世界的目光都凝聚在他身上，因为他成了美国的国务卿。

哈佛大学曾经对1000名成功者进行过研究，结果发现：促使这些人成功的因素中，态度因素占据了80%。可见，不管做什么工作，敬业都是必不可少的职业习惯。只有敬业，才能从工作中发现更多的价值，学到比别人更多的经验，这些经验就是塑造不凡人生的资本。

古人讲究"一日不作，一日不食"，我们也应把工作当成和生命意义密切相关的事情。哪怕现阶段没有得到理想的工资待遇，也当忠于职守，毫不吝啬地付出。敬业，就是敬重你自己的工作，从低层次来讲是为了薪水，对得起老板；从高层次来讲，是将工作融入使命感和道德感。但无论从哪一个层次上讲，认真负责、一丝不苟、善始善终都是必有的态度。

那些受人敬重的不凡之辈，是无论老板在与否都会努力做事的人，是那些尽心尽心"把信送给加西亚"的人。他们永远不会被埋没，到任何地方都能闪现出光芒，他们是具备钉子精神的人，也是这个时代最需要的人。

懒散是一剂人生毒药

> 懒惰心理的危险，比懒惰的手足，危害不知道要超过多少倍。而且医治懒惰的心理，比医治懒惰的手足还要难。
>
> ——戴尔·卡耐基

多数职场人都觉得，老板最看重的是员工的能力。然而，这个问题到了企业管理者那里，回答却不一样。他们确实喜欢有才能的员工，但更在意的是员工的态度。

海尔集团的 CEO 张瑞敏先生说："想干与不想干，是有没有责任感的问题，是德的问题；会干与不会干，是才的问题。"不会干没关系，只要想干，就可以通过学习、钻研，达到会干的程度；有才能却不想干，吝啬付出，工作一样干不好。

这一观念，不仅是在国内的管理者中得到高度认可，很多世界 500 强企业的 CEO 也非常赞同。曾任通用电气集团 CEO 的杰克·韦尔奇就曾表示："有能力胜任工作，却消极怠工而不称职，这样的人，我发现一个就开除一个，绝不留情。"

换位思考，假如你是管理者，看着自己的属下明明很有能力，却总是懒懒散散，一副心不在焉的样子，是什么感受？你肯定会觉得，他内心对这份工作满不在意，甚至认为它是负担和苦役，总在想办法逃避付出。这样的"能人"，你愿意留在身边吗？

己所不欲，勿施于人。这句古语用在工作上，也是行得通的。更何况，我们选择工作不仅仅是给老板打工，还是在给自己打拼未来。总是想着逃避责任、逃避困难，或许能得到短期内的"清闲"，但却失去了重要的学习和成长机会。换而言之，你什么都不想做，什么都不愿做，到哪儿去学习技能、积累经验？

A 是一个头脑灵光的员工，悟性很高，就是太散漫。有些事情，他明明可以做到 100 分，却总是做到 60 分就高喊万岁了。偶尔，还会依仗着自己的小聪明，工作中简单应付一下，交上去的任务，说不上多好，但也挑不出毛病，游走在及格与不及格的边缘。凭借他的才能，若肯多花一点心思，定能做得非常出色，可他不愿意多花费时间和精力，总想着得过且过。

　　来到部门三个月，虽说是转正了，A却还像一只无头苍蝇，从来不会主动地去找事情做，也没有仔细琢磨过领导的意思，更没有踏实地去处理过一件事情。每天早上一来公司，先登录QQ和微信，和朋友闲聊，在网上乱逛，到了下班才发现还有一堆事没干完。第二天，再重复前一天的事情。他内心也挺迷茫的，不知道是公司淹没了自己的才能，还是自己真的无能。

　　A的上一份工作，是在某公司做中层，到了这家新公司却成了最底层。他喜欢能够自由发挥、自行做主的工作，现在的每件事情都是领导安排的，尽管领导也看好他，可他递交上去的结果却总不能让领导满意。他找不到自己的闪光点，就整天在恶性循环中混日子，工作的积极性一天比一天少，散漫的行为倒是愈发严重。

　　身为旁观者，我们也许比当局者的A看得更清楚一些。他不是没有才能和志向，而是缺乏责任心和自律性，过于懒散。尤其是在面对领导的严苛挑剔时，更是缺乏一种正确的心态，不能在批评中反省自身。他若不及早地调整自己的心态和行为，很有可能会自毁前程。

　　当下，还有不少年轻员工，他们成长在信息爆炸的互联网时代，见多识广，思想开放，追求个性。这些员工在创新方面很有天赋，但也给管理者带来了很多的苦恼。一位网站负责人表示，她有一个下属，上班带着两部手机，一部平板电脑，稍不注意，他就会在工位上玩游戏。给他安排的工作，总是往后拖，实在拖不下去，就随便应付交差。为了此事，她找下属谈过，对方态度很好，答应会注意的，可下次还是会犯。最后，实在无奈，只好将对方辞退。

现实就是这样，想有所建树，就得改变自己的懒散态度。不管做什么事，身处什么职位，都必须尽心尽力地去做，不然的话，在团队里会遭到同事的抛弃，在公司里会遭到老板的嫌弃。归根结底，那些能干却不愿干的员工，还是对工作没有一个正确的认识，责任心不足。他们总觉着，工作是给老板做的，好与坏跟自己无关。

其实，只要真的把工作装进了心里，把责任感充实在灵魂中，做事的脚步就不会拖沓，心思也不会四处游走，更不会抱怨工资低、环境差和老板苛刻。一切问题都是心的问题，重新认识工作的价值，捡起对工作的责任心，知道所做的一切是在为将来积累资本，那么散漫的作风就会消失，取而代之的是踏实稳健和锐意进取。

做事要有"钻"的耐性

人在生活中遇到不幸，没有什么比一门技艺会给人更好的安慰，因为当他一心钻研那门技艺时，船已不知不觉越过了重重危难。

——米南德

任何一份工作、一项专长，想要出类拔萃，都少不了一样东西：钻研。

某企业老总讲到，他有一位下属，出身名校，英语专业八级水平，悟性高，对新知识和新事物都很感兴趣。刚入公司时，毕业还不到一年，却已经换了两份工作了。直觉告诉他，此人在公司不会待太久，可爱才心切的他，还是将其留了下来，作为技术部的工程师。

果不其然，工作了不到半年，此下属就提出离职。临走前，出于对老总的感恩，他坦然说明了自己的心迹。他说，在从前工作过的单位里，自己的能力、素养并不差，却要被一些不如自己的人领导，很不甘心，所以才跳槽。此次来公司，自以为深得赏识，能很快坐上主管的位子，可现在看来，各位中层的位置都坐得很稳，取而代之的概率很小，公司也不可能单独给自己设立一个与主管同级的职位。鉴于此，就想另谋高就。

老总开诚布公地对他讲，依照他半年间的表现来看，成长速度不慢，只要坚持下去，定可以独当一面。只是，现在还不是提拔的时候，毕竟很多知识还要在实践中慢慢沉淀成经验。没经历过，没失败过，就想一步到位，未免太急于求成了。工作的精髓，必须靠实践的钻研，才能有所收获。

可惜，年轻人"等不及"，他感谢老总对自己的信任，但内心相信还有其他的路可走。就这样，他离职了。老总内心觉得惋惜，可他去意已决，只有给予尊重和祝福。不过，这种平等友好的关系，并未从此隔断。离开后，下属偶尔也会给他打电话，在沟通中，他发现年轻人兜兜转转去了多家不同的公司，似乎未能找到想要的位置，抱怨声反倒比从前更多了。

后来，老总开设了一家新公司，许多重要的岗位都很缺人，尤其是实验室增加了大量的设备，而内部又选拔不出合适的人。焦灼中，他想到了那位辞职的下属，觉得他是一块璞玉，只是缺乏雕琢，况且有过碰壁的经历了，应该会有所改变。对方听说这个消息后，非常激动，很快就入职了。

在新职位上，下属做得很投入，每天伏案翻阅资料，白天调整测试程序，大概用了半个多月的时间，实验室所有的设备就都有序运转了。他还对所有的作业文件进行梳理，重新修改增订。老总本以为，他今后可能会在这样一个宽松的环境里有更大的突破。可惜好景不长，在这个职位待了两年后，他再次提出了辞职，原因和当初如出一辙。

如今，很多条件、资历不如他的人，都在行业里有了一定的建树，而他还在为最初的那个"梦想"奔波着。每次提起他，老总都不免觉得可惜。趁着青春去打拼、成长，绝对是一件好事，但仅仅有机会是不够的，还要深入地去钻研，把它做深做透，而这些必然要花费大量的时间和精力，还须有一份持久的耐力。

这不是个案，而是很多人的缩影。我们为何要重申具有钻研品质的"钉子精神"？它意味着什么呢？或许，就像雷锋在日记中所言："一块好好的木板，上面一个眼也没有，但钉子为什么能钉进去呢？这就是靠压力硬挤进去的，硬钻进去的。"

在工作的领域，想成为一个卓尔不群者，就得有"钻"的精神！这个钻，需要摒弃急功近利之心，摒弃权与利的诱惑，在选定的那块"木板"上，找一个更细致的目标，稳扎稳打地凿下去，要用心、用力，有持久的耐性，方能达成所愿。

职场类栏目《非你莫属》中，曾有一位求职者，他只有23岁，年轻没什么经验，但有一个特长，那就是对北京市所有的公交线路都了如指掌，几乎达到了"活地图"的标准。哪条公交改路线了，哪辆公交车换车型了，他都会记下来。所以，他想在节目中求得一份旅游体验师的职位。

现场考核中，主持人问他："从国贸到旧鼓楼大街怎么走？"他不假思索地说："从国贸坐1路汽车，到天安门东换乘82路。"主持人又问："那从国贸到营慧寺呢？"他一样从容地回答："坐地铁1号线到五棵松，换乘运通113。"此外，他还在现场为一对情侣设计了北京一日游的路线。

原本，场上的多位老总并没有招录他的打算，但最后都被他对公交的"钻劲"打动了，他们不约而同地向他发出了诚挚的邀请，且现场为他设岗。最后，他选择了一家自己感兴趣的公司。主持人问这家公司的老总："你给他的薪水，会不会太高?"那位老总说："专业的、执着的、优秀的人才，是无价的!"

很多企业不愿意招录应届生，不都是因为他们没有经验，更多的是因为他们缺乏钻研的耐性。无论哪一个行业，最稀缺的永远都是有"钻劲"的人。因为，有钻劲，才会专注；有钻劲，才有勤奋；有钻劲，才会进步；有钻劲，才会创新。当一个人具备了像钉子一样的钻劲，你把他放在哪儿，都会发光发亮。

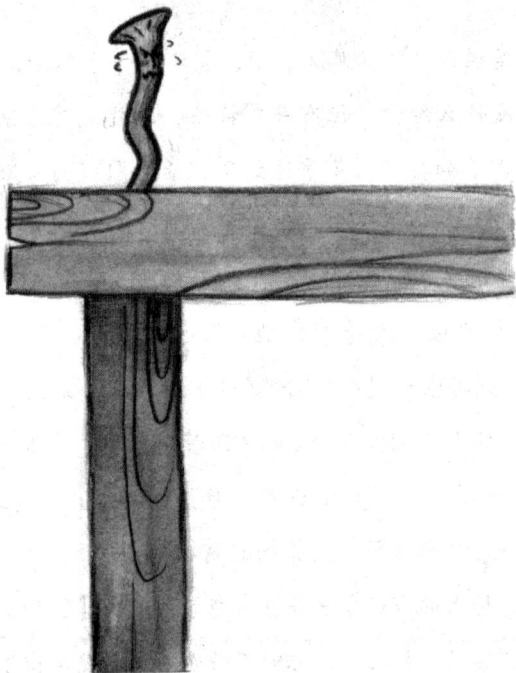

天下大事，必作于细

> 泰山不让土壤，故能成其大；河海不择细流，故
> 能就其深。
>
> ——李斯

1%的错误会带来100%的失败！

这就好比烧开水，99℃就是99℃，如果不再持续加温，是永远不能成为滚烫的开水的（各位读者不要较真说高原99℃水也能开，我们这里只是讲这个道理）。所以我们只有烧好每一个平凡的1℃，在细节上精益求精，才能真正达到沸腾的效果。小事不可小看，细节彰显魅力。如果每个人都热爱自己的工作，每天就会尽自己所能力求完美。而如果我们关注了细节，就可以把握创新之源，也就为成功奠定了坚实的基础。

成功源于一点一滴的积累。一个人，要想获得成功，从平凡走向卓越，就必须拥有对目标坚持不懈的恒心和强大的意志力。那些伟人之所以能创造出伟大的事业，凭借的正是持之以恒的毅力。

马克思整整花费了40年的心血，才完成了巨著《资本论》；伟大的德国文学家歌德创作《浮士德》，用了50年的时间；中国古代医药学家李时珍为了写《本草纲目》，经历了

30 年的跋山涉水；大书法家王羲之经年累月苦练书法，成就了"天下第一行书"的盛名；著名科学家、气象学家竺可桢坚持每天记录天气情况，记录了 38 年零 37 天，其间没有一天间断，直到他去世前的那一天；著名作家巴尔扎克为了创作他的小说，在深夜的街头等着从舞会里出来的贵妇人；美国作家马克·吐温更是把自己积累素材的日记称为油料箱；发明家爱迪生在 1000 多次失败的实验后才发现钨丝最适合做灯泡的灯丝，那么，他之前的每一次失败有什么价值呢？爱迪生自己给出了最好的答案："我至少发现了 1000 多种不适合做灯丝的材料。"爱迪生告诉我们，以前的失败只是前进路上的障碍和陷阱，每一次跌倒，我们都可以从中汲取教训，避免以后犯同样的错误。从这个角度来说，失败并不是一件坏事。"失败是成功之母"道理也如此。

然而，这种持之以恒的毅力不是天生得来的，它需要在日积月累的坚持中慢慢磨炼而成，尤其是对于还不成熟的人来说，持之以恒更需要在日常生活的许多细节中慢慢培养。要知道，成功不是一朝一夕可以获得的，只有每天前进一步，才能逐渐靠近自己的目标。

著名学者钱钟书在清华大学读书时，为了更广泛地汲取知识，为自己制定了"横扫清华图书馆"的目标，要读尽清华藏书。在这个目标的激励下，他勤学苦读，笔耕不辍，最终成为著名作家和学者。

在生活和学习中，我们应该把远大的目标分解成眼前的每一天应该完成的任务。我们要尽量保持一颗"平常心"，要设计好明天的宏伟目标，更要走好今天的每一步；应该每天都要努力向前，抓紧平时的一点一滴，才能积累出最后的辉煌。

而恒心与意志力是造就成功的关键品质。有时候，超人的意志和绝不放弃的精神甚至能创造奇迹。

当然，要做到不轻言放弃，我们还需要正确地认识失败和挫折。

斯坦门茨价值一万美元的一条线

20世纪初，美国福特公司正处于高速发展时期，一个个车间、一片片厂房迅速建成并投入使用。客户的订单快把福特公司销售处的办公室塞满了，每一辆刚刚下线的福特汽车都有许多人等着购买。突然，福特公司一台电机出了故障，整个车间几乎不能运转了，相关的生产工作也被迫停了下来。公司调来大批检修工人反复检修，又请了许多专家来察看，可怎么也找不到问题出在哪儿，更谈不上维修了。福特公司的领导懊恼不已，别说停一天，就是停一分钟，对福特来讲也是巨大的经济损失。这时有人提议去请著名的物理学家、电机专家斯坦门茨帮忙，领导宛如抓住了救命稻草，急忙派专人把斯坦门茨请来。

斯坦门茨仔细检查了电机，然后用粉笔在电机外壳上画了一条线，对工作人员说："打开电机，在记号处把里面的线圈减少16圈。"人们照办了，令人惊异的是，故障竟然排除了！生产立刻恢复了！

福特公司经理问斯坦门茨要多少酬金，斯坦门茨说："不多，只需要1万美元。"1万美元？就只简简单单画了一条线！当时福特公司最著名的薪酬口号就是"月薪5美元"，这在当时是很高的工资待遇，以至于全美国许许多多经验丰富的技术工人和优秀的工程师为了这5美元月薪从各地纷纷涌来。1条线，1万美元，一个普通职员100多年的收入总和！斯坦门茨看大家迷惑不解，转身开了个清单：画一条线，1美元；知道在哪儿画线（涉及如何观察、分析问题、判断问题和正确地运用知识与逻辑，而画线是这一系列工作之后的最后一件小事，在日常事务中若解决问题时搞错了方向，问题是永远得不到解决的，会一直作为问题并存在着，若找对了方向，解决它可能就是一瞬间和一个简单的买入或卖出动作而已），9999美元。福特公司经理看了之后，不仅照价付酬，还重金聘用了斯坦门茨。

是的，斯坦门茨的回答很对，画线是人人都能做到的，知道应该在哪里画线却是极少数人才具备的才能。许多人常常抱怨自己的待遇和收入太低，却很少在心底问过自己是否具备获取高报酬的本领。这故事原本说的是知识的价值，如果换个角度来说，就是决策的结果很简单，但决策的过程很复杂，需要人们做大量深入细致的调查研究。以此例来说，为什么要在此处而非在彼处画线？为什么是减去 16 圈，而不是减去 15 圈或 17 圈？可以说，决策正确显本事，细微之处见功夫。决策的过程是一个从细节中来、到细节中去的过程。

兰德公司的决策

兰德公司（RAND）是当今美国最负盛名的决策咨询机构之一，一直高居全球十大超级智囊团排行榜首。它的职员有 1000 人左右，其中 500 人是各方面的专家。兰德公司影响着美国政治、经济、军事、外交等一系列重大事件的决策。

1950 年，朝鲜战争爆发之初，就中国政府的态度问题，兰德公司集中了大量资金和人力加以研究，得出 7 个字的结论——中国将出兵援朝，作价 500 万美元（相当于一架最先进的战斗机价钱），卖给美国对华政策研究室。研究成果还附有 380 页的资料，详细分析了中国的国情，并断定：一旦中国出兵，美国将输掉这场战争。美国对华政策研究室的官员们认为兰德公司是在敲诈，是无稽之谈。

后来，从朝鲜战场回来的麦克阿瑟将军感慨地说："我们最大的失误是舍得几百亿美元和数十万美国军人的生命，却吝啬一架战斗机的代价。"事后，美国政府花了 200 万美元，买回了那份过时的报告。

军事上的战略决策要从研究每个细节中来，商战中的战略决策也同样如此。麦当劳在中国开到哪里，火到哪里，令中国餐饮界人士又是羡慕，又是嫉妒，可是我们有谁看到了它前期艰苦细致的市场调研工作呢？

麦当劳进驻中国前，连续 5 年跟踪调查，内容包括中国消费者的经济收入情况和消费方式的特点，提前 4 年在中国东北和北京市郊试种马铃薯，根据中国人的身高体形确定了最佳柜台、桌椅和尺寸，还从香港地区的麦当劳空运成品到北京，进行口味试验和分析。开首家分店时，在北京选了 5 个地点反复论证、比较，最后麦当劳进军中国，一炮打响。

这就是细节的魅力。我们中国哪个餐饮企业在开业之前做过如此深入的市场研究？正如《细节决定成败》一书的作者汪中求所说，中国绝不缺少雄韬伟略的战略家，缺少的是精益求精的执行者；绝不缺少各类规章、管理制度，缺少的是对规章制度不折不扣的执行。好的战略只有落实到每个执行的细节上，才能发挥作用。

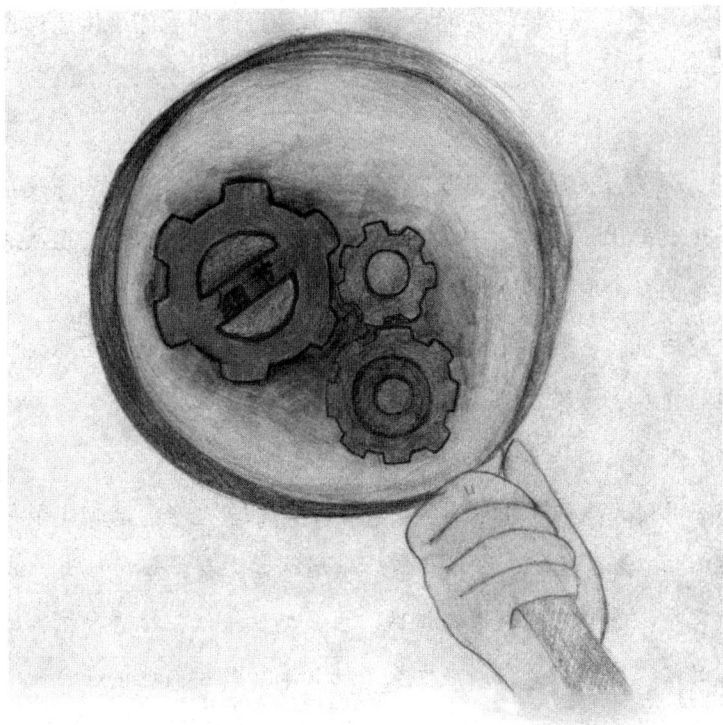

借口是无能的表现

成功与借口永远不会在一起：选择成功就要没有借口，选择借口就不会有成功。

——陈安之

著名畅销书作家约翰·米勒，曾在自己的著作中讲述过这样一个故事：

那是一个周日的下午，风很大，我和我的家人开车行驶在高速公路上。突然，一幅惊人的情景呈现在我们眼前：在公路右侧的旷野里，一个中年人正从轮椅上扑向一大片报纸。报纸在空中乱飞，狂风把它吹得四处都是。中年人无法站立，只能在地上爬，他很努力地去抓那些报纸，可风实在太大了，他的腿又有残疾。转眼间，旷野里处处都是报纸。

此时，我的大儿子威尔在我后面喊道："爸爸，我们去帮帮他吧！"我迅速把车停好，然后一起跑过去帮忙。风很大，我们几个人在旷野里追着报纸跑。当我抓住报纸，把它搂在胸口的时候，我很好奇，到底发生了什么事？当我们把报纸都找了回来，递给那位残疾人时，他紧紧地抓住那些报纸，如获至宝。

我的一个孩子问："到底发生了什么事情？"中年人挣扎着坐回到轮椅上，一只手臂抖个不停，像是残废了。他说："老板让我把几捆报纸送给客户，等我到地方的时候发现少了一捆，急忙回来沿途寻找。走到这里时，我简直不敢相信，报纸飞得到处都是。"

我几乎没有经过思考，就问他："你是打算一个人把这些报纸捡起来吗？"

他很奇怪地看着我，说："当然，我必须这么做，这是我的责任。"

我们可以想象出当时的画面，一个双腿和一只胳膊都有残疾的人，在狂风肆虐的旷野里，去抓漫天飞舞的报纸，那无异于登天。除非风停下来，不然的话，他是不可能追到报纸的，可即便是这样的状况，他依然没有放弃努力，还能信誓旦旦地说，必须要这么做，这是"我"的责任，而没有找寻任何的借口。

换句话说，他不用去找借口，单凭借自己身体的残疾，就足以让客户和老板网开一面。然而，他没有这么做。相比之下，多少身体健全的人，却做不到这一点。遇到麻烦的时候，先想着如何去找一个合适的借口，试图掩饰失败，欺骗老板，而忘了自己应尽的责任。

为什么如此多的人都喜欢找借口呢？原因很简单，就是心里有太多的"凭什么"，总是在强调："凭什么让我来做？""给那么少的钱，凭什么让我付出？"心理的天平失了衡，行动自然就会受到影响。

但，你有没有想过：选择了工作，就等于选择了"被要求"，除非你什么都不做。进入一个企业，你就要遵循它的规章制度；老板安排了任务，你就得去执行，这是你的责任和义务，无论喜欢与否，都必须这么做。既然都是做，为什么非得满腹怨气呢？与其推诿找借口，怨声载道，倒不如化被动为主动，调动全身的每一个细胞，尽最大努力去做好一件事。

　　美国西点军校有一个悠久的传统，学员遇到军官问话时，只有四种回答："报告长官，是""报告长官，不是""报告长官，不知道""报告长官，没有任何借口"。除此之外，不允许多说一个字。

　　"没有任何借口"，是西点军校一直以来奉行的最重要的行为准则，也是它传授给每一位新生的第一个理念。目的在于，训练学员想办法去完成任何一项任务，而不是为了没有完成任务去找借口，哪怕是看似合情合理的借口。正是秉承着这样的理念，从西点军校走出的学员，不少都成了各个领域中的佼佼者。

　　现实职场中，我们缺少的，恰恰就是这种想办法完成任务、不找任何借口的人。这是一种服从、诚实的态度，也是一种负责、敬业的精神。美国卡托尔公司的新员工录用通知单上印着一句话："最优秀的员工是像恺撒一样拒绝任何借口的英雄！"

　　为何说要像恺撒一样？这就要提起一则典故了。

　　有一次，恺撒率领他的军队渡海作战，登岸后，他决定不给自己的军队留任何退路。他希望自己的将士们知道，这次的作战很重要，不是战胜就是战死。所以，当着将士们的面，他烧毁了所有的船只。士兵们知道，这一次的战役是退无可退了，只有拼尽全力才有生的可能。结果，军队大获全胜。

　　背水一战、破釜沉舟，往往能够诞生奇迹。这是因为，没有给自己留退路，一心向前，不管遇到什么情况，都不会选择逃避。拒绝借口，其实就是要断绝一切后路，倾注所有的心血在所做的事情中，坚定任何阻碍都无法使自己后退的决心。

养成拒绝借口的习惯，把所有精力倾注于一个目标，通常能够最大限度地调动自身的潜能，迸发出一种惊人的力量。有了这种"豁出去了"的拼劲和信念，才能消除内心的恐惧、犹豫和胆怯，从心底萌生出勇气、信心和热情，最终"置之死地而后生"。

每一份平凡的工作，都有可能创造出奇迹，只要你坚持以"没有任何借口"来要求自己，并将其付诸实践。当你养成了不找借口的习惯以后，就会发现自身的能力也在随之提升，格局也变得更加宽阔。待到那时，你的内心只有"责任"，而没有为了推卸责任而寻找的理由。

著名管理学家和培训师吴甘霖先生，曾经在清华大学高级总裁班上对一些企业家做过一项抽样调查。当问到"哪一类员工，是你们最不愿意接受的员工"时，答案是：

（1）工作不努力而找借口的员工

（2）斤斤计较的员工

（3）华而不实的员工

（4）损公肥私的员工

（5）受不得委屈的员工

当问到"哪一类员工是你们最喜欢的员工"时，答案是：

（1）不等安排工作就能主动做事的员工

（2）通过找方法加倍提升业绩的员工

（3）从不抱怨的员工

（4）执行力强的员工

（5）能为单位提建设性意见的员工

这一调查结果，再次印证了一个结论：凡事找借口的员工，是任何企业里都不受欢迎的员工；不找借口找方法、诚实面对问题的员工，是任何企业都需要的员工。

那么，在实际的工作中，不找借口、不逃避问题、诚实地面对自己，体现在哪些方面呢？

1. 立即行动

当一个企业借口蔓延的时候，这个企业就丧失了发展力；当一个员工习惯找借口的时候，这个员工就丧失了成功的机会。那些在岗位上取得一定成就的员工，在接到任务的时候，从不去想条件怎样差，只想自己该怎样做。

执行，存在一个时间问题，选择立即行动，还是拖延等待，结果大相径庭。一个成功者必是立即行动者，因为立即行动能让人保持较高的热情和斗志，提高做事的效率；相反，拖延却只会消耗人的热情和斗志，让人变得愈发懒惰，愈发没有接受挑战的勇气。所以，要提高执行力，就不要找任何借口拖延，去做才会有改变。

2.承担力

现代企业需要的人才，不仅要有出色的工作能力，还要具备强大的内心。很多员工在遇到困难、遭受失败时找借口，多半是不敢去面对，试图用借口来为自己辩护，掩盖过错，逃避该承担的责任。

导致这种行为的原因，无外乎是出于对面子的维护，或是害怕影响自己在他人心中的威信和信任。其实，这些担心都是多余的。笔者曾就此问题与一位知名企业的总裁探讨过，他是这样说的："我很希望我的下属都有承认错误的勇气。没有不犯错的人，包括我自己在内。我不会因为谁犯了个小错就全盘改变对他的看法。相反，我更看重一个人面对错误的态度。"

在工作中有失误不是什么可怕的事，怕的是不敢承认，找借口为自己辩护。积极、坦率地承认和检讨，尽可能地对事情进行补救，防止事态恶性发展，并从错误中吸取经验，这才是正确处理问题的态度，也是赢得信任和尊敬的做法。

没有任何借口，是每个员工都当秉承的理念，这是一种诚实的态度，一种负责的精神，一种完美的执行能力。在每个工作日的早晨，或是在开始工作之前，在心里默念一遍下面的话："我是一个不需要借口的人。我对自己的言行负责，我要付诸行动，我知道工作意味着什么，我的目标很明确。我要尽自己最大的努力去工作，不抱怨环境，不逃避困难，不去想过去，只想如何继续自己的梦想。不找任何借口，因为我对自己充满信心！"

所谓活着的人，就是不断挑战的人

> 整个生命就是一场冒险。走得最远的人，常是愿
> 意去做，并愿意去冒险的人。
>
> ——卡耐基

优秀员工必备的品德之一就是勇敢接受挑战，无所畏惧地向困难宣战。

美国钢铁大王卡耐基是这样描述他心目中的优秀员工的："我们所急需的人才，不是那些有多么高贵的血统或者多么高学历的人，而是那些有着钢铁般坚定意志，勇于向工作中的'不可能'挑战的人。"

路易斯·郭士纳在加入IBM之前，IBM正陷入前所未有的困境中，亏损严重，人心浮动。董事会经过讨论决定，从外部聘请贤士解决IBM的难题。经过猎头公司的推荐，他们最终将目标锁定在咨询顾问出身、曾在大型公司担任过总裁、现已赋闲在家的郭士纳。

猎头公司的高管和IBM的高级董事分别与郭士纳交谈过，

希望他能出任 IBM 的 CEO。郭士纳当时并未答应，一是之前并未接触过任何计算机或同类公司的经营管理，二是从朋友那里得知了 IBM 的艰难现状。朋友劝他，别为此毁掉自己的一世英名。考虑再三，郭士纳拒绝了。后来，IBM 创始人之一的小沃尔森又与郭士纳进行了面谈，非常希望他加入 IBM，可郭士纳还是觉得把握不大婉言谢绝了。

至此，郭士纳以为这件事情就过去了，直到有一天，他被邀请参加美国总统克林顿的私人宴会，席间克林顿问及 IBM 邀请他出山的事。郭士纳表示，自己已经婉言谢绝，没想到克林顿却说了一句意味深长的话："IBM 是美国的 IBM，代表着美国，IBM 需要你，希望你能够重新考虑。"恰恰是这句话，唤醒了郭士纳内心深处的责任感。他不再计较个人的成败得失，凭借着振兴美国工业巨头的责任心，接受了这份挑战。

或许，对于大多数普通职员来说，巨头企业 CEO 这样的职务与自己还有一段距离，但郭士纳在面对挑战时对于成败得失的顾虑，却是每个人都有过的。回头想想，我们在工作中也总会遇到"烫手的山芋"，比如高难度的任务，艰苦恶劣的环境，摇摇欲坠的危机……做好了皆大欢喜，做不好满盘皆输。在这样的情况下，不少人都会选择明哲保身，不愿冒险。

话说回来，再难的事也总要有人去做，再麻烦的问题也总要有人去处理。西方的航海业有个不成文的规定，当一艘船遇到危险要沉没的时候，船长肯定是最后一个离开的，甚至有的船长干脆选择和船一起沉没。如果你能在困难时挺身而出、担起大任，无论成败与否，这种精神都会令人尊敬。尽管承担重任的过程需要付出更多，可能充满痛苦，但痛苦却是促人成熟的必经之路。

某日，龙虾和寄居蟹在深海里相遇了。寄居蟹看见龙虾把自己的硬壳脱掉，露出娇嫩的身躯，大惊失色地说："你怎么能脱掉硬壳呢？它可是唯一能保护你身躯的东西啊！你不怕被大鱼一口吃掉吗？就算没有大鱼，以你现在的样子，一个急流就能把你冲到岩石上去，到时你不死才怪呢！"

龙虾丝毫不紧张，气定神闲地答道："谢谢你的关心，你可能不知道，我们龙虾每次成长，都必须把旧壳脱掉，才能长出更坚固的外壳。现在面对危险，只是为了将来更好地生存做准备。"寄居蟹闭口不言，陷入了沉思中。

和自然界的生物一样，人也有一定的舒适区，若想超越自己目前的成就，就不能画地为牢，更不能想着逃避挑战，躲在安全区里不出来。职场的竞争不亚于自然界，对害怕危险的人来说，危险无处不在。正所谓，不进则退，你害怕面对，你不敢接受挑战，那就会被超越，被淘汰。

我的一位朋友在某知名酒店 IT 部门担任主管，刚进入这家酒店时，他的职位是网络管理员。当时，这家酒店计划开设自己的千兆网站，但要建立千兆网站，必须要解决大量的技术问题，具体到网站如何设置以及大量的商业问题。

酒店的经理犯了难，这个项目执行人必须既懂计算机技术又懂销售，一时间去哪儿找合适的人才呢？问了酒店里的几个人，大家都知道责任重大，况且他们自己也有许多不明白的地方，索性就推辞了。结果，这个项目就被搁置下来。

我的这位朋友是计算机科班出身，平时主要负责计算机联网工作，对业务上的事知道的并不多。可听说经理正在四处苦寻项目执行人，一筹莫展，他就自告奋勇地说："让我试试吧！"经理抱着试试看的心理同意了。

朋友接手后，一边请教专业人员，一边自学商业和业务知识，一边解决网络技术问题。项目进展得不算快，但却在稳步前进。见此情景，经理对他的信任也日渐增加，不断地放手给他更大的权力，提供更多的支持。最后，他出色地完成这项许多人都推托过的任务，并因此得到了升职的机会。到现在，他还总是说，是那个"烫手的山芋"成就了他。

公司的每个部门和每个岗位都有各自的职责，在关键时刻挺身而出、接受挑战，绝不是一时冲动逞英雄的行为，而是要建立在有扎实的工作功底的基础上。有些自诩聪明的人想的是，如果自己揽下了任务却没做到，不仅丢了面子，还会丢掉老板对自己的信任，还不如不干。可问题是，如果大家都明哲保身，互相推诿，那公司的工作怎么进展呢？

在授课的过程中，笔者接触过很多各方面条件都不错且颇具才学的员工，遗憾的是，在深入了解后笔者发现，他们缺乏应对困难的信心和勇气，不敢面对问题和挑战。从他们在一些测试中的表现可以看出，这些员工平日里习惯了循规蹈矩、随遇而安，遇到麻烦事尽可能躲得远远的，害怕失败，也没有勇气承受失败。正因为此，这些明明具备种种令老板赏识的技能的人才，工作多年都没有大的作为，也没能得到重用，一直平平庸庸。

很多事情，不管是否能顺利、出色地完成，总得先有人尝试着去做！毕竟，做才有成功的可能。在这个关键时刻，企业和老板最需要的就是有胆识的员工，能无所畏惧地接受挑战，积极地处理问题，绝不退缩。

有句话说，思想决定命运。不敢接受高难度的工作挑战，就是对自己的潜能没有信心，这种思想最终会让自身无限的潜能化为乌有。当然，仅仅有接受挑战的勇气还不够，重要的是在接受挑战后，能排除万难，坚定地走下去。

有个年轻的小伙子，原本是一家公司的生产工人，后来主动请缨说想做销售，恰好那会儿公司正招聘营销人员，经理与之详谈后，发现他具备从事营销工作的潜质，就同意了。

当时，公司的规模并不大，也就三十多人，面临诸多有待开发的市场，公司的人力和财力明显不足。公司经过商议决定，每个地方只派一名销售，那个小伙子被派往了西部的一个城市。

人生地不熟，吃住都成问题，这样的环境确实不太理想。可小伙子很珍惜这个工作机会，不想轻易放弃。没有钱打车，他就坐公交车去拜访客户，距离不太远的就步行前去。有时，他为了等一个约好的客户都顾不上吃饭。

为了节省开支，他租住了一个闲置的车库，因为只有一扇卷帘门，没有窗户，晚上一关灯，屋里就一丝光线都没有了。那个城市的气候也不太好，春有沙尘暴，夏有冰雹，冬有雨水，这俨然又是一个巨大的考验。有一回，他赶上了冰雹，险些受伤。这样艰苦的条件，真的超出了小伙子的想象，说不动摇绝对是骗人的。可每次动摇时，他都会对自己说："我不能放弃这份工作，我要对它负责！我不能辜负领导的信任！"

一年后，派往各地的销售人员纷纷回到公司，有六七个人不堪忍受工作的艰辛离职了。小伙子的业绩是营销团队中最好的，他自然也得到了丰厚的回报。三年后，小伙子已经成了公司的市场总监，此时的公司也已经发展成一个几百人的中型企业了。

人生最精彩的篇章，不是你在哪一天拥有了多少财富，也不是你在哪一刻赢得了赞誉。最振奋人心的、最令人难忘的，也许就是你在某一个艰难而关键的瞬间，咬紧牙关战胜了自己。如果你想摆脱平庸，拥有卓越的人生，那就先丢掉内心的恐惧和退缩，勇敢接受挑战吧！

吃亏就是占便宜

　　　　成功就是好好工作而不计较名利。

　　　　　　　　　　——亨利·沃兹沃斯·朗费罗

　　无论一个企业的规模多大，规章制度多么健全，职务说明多么详细，它也不可能把每一个员工的任务和应做的每一件事情，都讲得清清楚楚。总会有一些临时的事情需要做，但又没有明确指出具体该由谁去做。面对这样的情况，如果每个被指派的员工都说"这不是我的事""凭什么要我来做"，抱着斤斤计较的心态，那么可想而知，这个企业的凝聚力、竞争力会变得越来越低，因为没有人愿意为之付出。

　　多年来，我们一直提雷锋精神、钉子精神，其实里面有一个突出的核心，那就是全心全意为了组织而工作，不计较个人的利益，更不去想安排下来的任务是"分内"还是"分外"，只要是对大局有利的，都尽心尽力去做。

　　有一位大学毕业生，进入社会后的第一份工作是在英国大使馆做接线员。在大多数人眼里，这种工作没什么技术含量，根本无须花费太多心思，就是接接电话而已，太简单了。可就是这份工作，却让她成了大使馆里最"火"的接线员，她的电话间成了大使馆的信息中转站，甚至连大使都亲自跑到电话间来表扬她。

她究竟做了什么，能让自己如此受欢迎和重视？

原因就是，她除了像其他接线员那样每天转接电话之外，还做了其他接线员没有做的"分外事"，把使馆里所有人的名字、电话、职务、工作范围甚至他们家属的信息都背了下来。只要一有电话打进来，她就能迅速而准确地帮对方转接过去。如果对方不清楚要找谁，她就会询问对方的一些信息或要处理的事宜，根据自己的判断来帮对方找人。

时间长了，使馆里的人都知道有个接线员特别认真，每次外出都会告诉她，可能会有什么人打电话给自己，有什么情况要转告对方，哪些电话需要转接给哪位同事，甚至连私事也会委托她通知。

由于工作用心、表现优秀，她很快就破格被调到了英国某报社，给资深的记者做翻译。起初，资深记者还看不上她，可仅仅用了一年的时间，她就让对方改观了，且发自内心地对同事夸耀："我的翻译比你们的都要好。"之所以这样说，是因为不管他交代什么工作，她都会努力做到最好，甚至把一些没有交代的事情，也主动做了。

没过多久，她又被破例调到了美国驻华联络处，之后担任中国外交学院副院长，驻澳大利亚使馆新闻参赞、发言人、中国外交部翻译室副主任、中国驻纳米比亚大使。她，就是任小萍。

从接线员到驻外大使，两者之间的距离，看似很遥远。可任小萍却把它走成了一道顺畅的直线，成就她的就是那份不计较多做一点儿事情的态度。多少接线员，就只做眼前的那点儿事，当对方不清楚找谁的时候，通常就会告知，请查清楚后再拨打电话；遇到要找自己不熟悉的人员，就一页一页地翻看电话簿，等把电话转过去，可能已经一两分钟了，如果有急事的话，可想而知对方是什么心情。

任小萍把接线员的工作做到了极致，没有去区分什么"分内事"和"分外事"。她没有像一些爱计较的人那样，心想着"我拿的是一份接线员的薪水，干吗要那么认真"。她的想法很简单，只要是和工作有关的事，都是自己的"分内事"，没必要计较得失。

不同的心态，带来不同的结果。优秀者比平庸者多的，不一定是智慧和能力，也不一定是运气和机会，而只是多付出的那一点点。在没有人监督和命令的时候，优秀者依然能够主动挖掘自身潜能，多承担责任和义务，从而慢慢与平庸者拉开距离。

那么，对普通员工来说，"多做一点儿"的具体表现都是什么呢？

第一，主动熟悉公司的一切。做好工作的前提，是熟悉公司的一切，包括公司的目标、文化、组织结构、销售方式、经营方针、工作理念，等等，要有一种主人翁的心态，像老板一了解自己所在的企业，这样的话，才能在日后的工作中采取更有针对性的工作方式，效率更高。

第二，不等着别人交代。如果一个员工总是习惯等着别人给自己"下命令"，他就会从思想上降低工作的积极性和效率，且还会养成"只做自己喜欢的事"、"有所为而为"的习惯。如此一来，就很难做到主动行事，即便是被安排任务，也会想方设法拖延、敷衍。看似轻松了，其实无异于"画地为牢"，将自己圈在了平庸的领地内。

第三，工作时不偷闲。优秀的员工在完成一项工作后，总是会去翻看工作日记，看目标是否都已达到，是否还有需要添加的任务，还需要学习点儿什么，扩充自己的知识和能力。总而言之，在任何闲暇的时候，他们都能主动去找事做，以提升自己。

第四，主动承担分外之事。不少大公司都认为，一个优秀的员工不仅仅能完成自己的既定任务，还会主动承担自己工作以外的事情，哪怕老板没有交代。这样的员工，总能在工作之余学到更多的东西，熟悉各个部门的工作流程，为将来积攒做管理者的资本。

第五，主动提建议。当发现老板或同事处理事务的方式效率不高，而其本人并未察觉，或不知如何改进时，可主动建言献计，提出合理化的建议。如此，不但能给自己赢得好人缘，利于同事间的合作、提升工作效率，还能给老板留下深刻的印象。要做到这一点，就必须主动了解公司的运作流程、业务方向和模式，以及如何盈利，关注市场走向，分析竞争对手的情况，这一系列工作可能不是你的本职工作，但若在工作之余多了解、多思考，往往能给你带来更广阔的空间。

大道至简

> 任何事物都不及"伟大"那样简单；事实上，能够简单便是伟大。
>
> ——爱默生

很多人眼高手低，简单的事情不想做，复杂的又做不了。其实，每个人身上都有值得我们学习的地方，每一件简单的事情，都蕴含珍贵的经验财富，就像练功一样，简单的招式练到极致就是绝招。

某地有个拳师，十分了得，方圆百里无人能敌，许多年轻人慕名前来，拜师学艺。这个拳师收徒时，先打量一下来拜师的人，从外表看是不是练拳的料，如果看不上，就让这个人烧水做饭洗衣干些粗活，或者直接打发走。

这天来了一个拜师的人，看起来高大威猛，但憨态十足，言谈举止非常愚钝。拳师一看，这人虽然不是学拳的料，但是留下来烧火做饭有力气，也是一把好手，于是让这个人做了伙夫。这个人实诚，他想，可能凡来拜师学艺的都要先从烧火做饭起，耳濡目染对拳术不生疏了，师傅才教的。

转眼几个月过去了，比他后来的都练上拳脚了，师傅还没有教他的意思。一次午饭前，他把饭做好，看师傅坐在那儿指导徒弟练拳，就来到师傅面前，怯生生地说："师傅，您什么时候教我呀？"拳师一看，顺手抄起一截顶门杠，站起身，一跺脚，一抡棍，简单比画了几个基础的棍招，就把顶门杠扔到了一边，说："练吧。"别看这个徒弟看来愚钝，但是记性和眼力都很好，师傅的一招一式都熟记在心，等师傅扔下顶门杠，便跪在师傅面前："多谢师傅教我。"

回家后，这个人以为得到了真传，苦练跺脚，抡棍，照着师傅的样子比画，几年如一日地练习。

这一年，外地来了一个拳师设擂台打擂，本地很多拳师都败下阵来，人们都指望这位名拳师了，他的徒弟一个个上台，又一个个被打下来，师傅被逼无奈亲自上场。谁知，上台后，十几个回合，师傅也被打下擂台。这时，一个大汉"蹭"的一声蹿上擂台，师傅和众徒弟一看，急忙喊他下来。这名大汉好像没听见，一跺脚，擂台震颤了起来，对手左摇右晃，站立不稳，连招架之功都没有了。这名大汉又一抡棍，简单一个横扫，对手就被打下了擂台。

在众人的欢呼声中，这名大汉被师傅和徒弟围在中间，师傅忙问："是谁教你的这套功夫？"大汉跪下答道："师傅，您忘记了，这是您教我的。"师傅听了，脸红红的。

一个被师傅看不起的人，经过刻苦学习，终于取得了成果。踩脚、抢棍，非常简单，但是这名大汉把最简单的招式练到极致，练就了克敌制胜的绝招。只要踏踏实实地去做，并长期坚持，无论做什么，都能取得成功。

中国谚语讲：千学不如一看，千看不如一练。要想学到真正的东西，就要实践，不厌其烦地实践，在实践中积累、分析、再积累。

一位企业老总去一所财经大学讲课，课间做了一次小小的测试，一个班50名大四的学生，让每人模拟填写一份增值税发票，结果填写完全正确的只有2人。这位老总感慨道：作为学生，一张票据十几个栏目填写错了一两个栏目，老师还会给个七八十分；但作为企业的职员，发票填错一栏，整张发票就作废，那就是0分；如果填写错了没有及时发现，那就麻烦大了，就不只是0分的问题。

很多人抱怨工作麻烦、做不好，那别人为什么做得好，是不是有什么秘诀、诀窍呢？其实不是，别人只不过不抱怨，默默地做这些细小的事情。大量的工作，都是一些琐碎的、繁杂的、细小的事务的重复。这些事做成了、做好了，并不见什么成就；一旦做不好、做坏了，就会使其他工作和其他人受连累，甚至影响大事的成功。

对工作缺乏认真的态度，对事情只能是敷衍了事。这种人无法把工作当成一种乐趣，而只是当成一种不得不受的苦役，因而在工作中缺乏热情。他们只能永远做别人分配给他们的工作，甚至即便这样也不能把事情做好。而踏石留印的人，不仅认真对待工作，取得应有的效果，而且注重在日常工作中找到机会，从而使自己走上成功之路。

"加西亚"——客户：负责、远谋、认真，提供非凡服务

罗文跨过密林、渡过大海，将这封信及时、安全地交给了我，让我非常震惊。没有任何推辞，不曾有过退缩，能完成这种任务的人是所有人都需要的，我信赖他，愿意把任何任务交给他。

——"加西亚"的独白

让问题到"我"为止

> 每一个人都应该有这样的信心：人所能负的责任，我必能负；人所不能负的责任，我亦能负。如此，你才能磨炼自己，求得更高的知识而进入更高的境界。

——林肯

美国第 33 任总统杜鲁门，是美国 20 世纪唯一一个没有读过大学的总统，但他的学识和智慧却不逊色于任何人。他在白

宫任职时，在椭圆形总统办公室的书桌上，一直摆放着这样一句座右铭：The bucks stop here，意即"水桶到此为止"。

杜鲁门推崇这句箴言，其实是有典故的。英国人刚踏上美洲的时候，有一个传统：如果水源离生活区有一段距离，大家就会排成队，以传递水桶的方式把水运到生活区来。后来，这句话的意思被引申，就成了"把麻烦传给别人"，意指推诿。

作为一个有担当的人，杜鲁门自然很不屑于这样的处事作风，他贴上这样一张字条，是在提醒自己和周围的人：当问题发生的时候，不要试图去找替罪羊，要积极地寻找解决之道，让问题到自己为止。

现代的职场人，也应当具备"有担当，负责任"的态度，拿出一种"迎难而上，不达目的不罢休"的钉子精神。困难来了，麻烦来了，不要总想着逃避推脱，你推我、我推你只会让困局变得更棘手。只有拿出突破困境的勇气，扛起一份沉重的责任，才有可能在压力中释放潜能，在庸碌的人群中凸显不俗。

一家做直销品的公司，产品质量很好，销路也不错，唯独经营方面缺乏经验，时常是产品卖出去了，货款却收不回来。公司的一位大客户，半年前买了10万元的产品，但总以各种理由推脱着不肯付款。

对这样的情况，公司只好不停地派业务员去追账。第一次，是业务员A去的，碰了一鼻子灰，客户没给他好脸色，说产品销量一般，搞不好还得退一部分的货，让 A 过一段时间再来。A 知道这位大客户很重要，心想着：反正也不是欠我的钱，公司也不缺这点儿钱，过段时间再联系吧！

看到 A 无功而返，公司又派业务员 B 去讨账。情形和第一次差不多，客户的态度依然是不配合，但没有开始时那么理直气壮了，而是委婉地告知，这段时间资金周转困难，希望能得到理解，说等资金到位了一定还钱。见对方都这样说了，B 也不好意思死缠烂打，只好暂时作罢，回了公司。

无奈之下，公司只好再派业务员 C 去讨账。C 比较倒霉，前两位业务员刚刚催过客户，他这么快又出现，客户有些生气了，刚见面 C 就被指桑骂槐地训斥了一通，说公司三番两次来逼账，摆明了就是不信任他，这样的话以后就没法合作了。

C 是一个沉稳的人，没有被客户的软捭硬逼吓退，而是见招拆招，想办法与之周旋。客户知道磨不过这位不愠不火的业务员，只好同意给钱，当即开出一张 10 万元的支票给对方。C 很高兴，以为大功告成了，却没想到，到了银行取钱时被告知，账户里只有99910 元。原来对方耍了一个花招，故意给出一张无法兑现的支票。

眼见就要到年底了，若还不能及时结款，又不知道要拖到什么时候，怎么办呢？碰到这样的情况，很多人可能会拿着一张空支票，到老板那里诉说对方的不靠谱，但 C 没有那么做，他知道此时此刻，说什么都没有用，想办法拿到货款才是正经事。既然出了问题，就不该再把问题带回公司，尽量让它到自己为止。

突然间，C想到了一个点子。他自己拿出100元钱，把钱存到客户公司的账户，这样一来，账户里就有了10万元，他立即将支票兑了现。这件棘手的事情，总算圆满地解决了。

什么是钉子精神？业务员C的行为，就凸显着这种精神。遇到困难的时候，没有像前两位同事一样，把问题带给老板，或是转交给其他同事，而是竭尽全力地去想办法，他不觉得这是公司的事，而是将其视为自己的责任。

现实中，我们经常看到的是什么样的态度呢？碰到问题就找借口，说真的是没办法，所有办法都用过了，还是不行！三个字"没办法"，就成了不用继续努力的最佳理由。其实，是真的没有办法吗？非也！办法不是等出来的，而是想出来的，未曾好好动脑筋去想，自然不可能有办法。

卡内基曾经在宾夕法尼亚匹兹堡铁道公民事务管理部做小职员。有一天早上，他在上班途中看到一列火车在城外发生意外，情况危急，但此时其他人都还没有上班。一时间，他不知道该怎么办才好，打电话给上司，偏偏又联络不上。

怎么办呢？在这样的情况下，他深知，耽误一分钟，都有可能对铁路公司造成巨大的损失。虽然负责人还没到岗，但也不能眼睁睁地看着。卡内基当即决定，以上司的名义发电报给列车长，要求他根据自己的方案快速处理此事，且在电报上面签了自己的名字。他知道，这么做有违公司的规定，将会受到严厉的惩罚，甚至遭到辞退，但与袖手旁观相比，这样的损失微不足道。

几个小时后，上司来到办公室，发现了卡内基的辞呈，以及他今天处理事故的详细经过。卡内基一直等着被辞退的决定，可一天过去了，两天过去了，上司迟迟没有批准他的辞职请求。卡内基以为上司没有看到自己的辞呈，就在第三天的时候，亲自跑到上司那里说明原委。

"小伙子，你的辞呈我早就看到了，但我觉得没有辞退你的必要。你是一个很负责任的员工，你的所作所为证明了你是一个主动做事的人，对这样的员工，我没有权力也没有意愿辞退。"上司诚恳地对卡内基说了这样一番话。

不把问题留给老板，不把难题推给同事，有一种死磕到底的韧劲儿，这就是职场中最缺乏的负责精神。对待工作中林林总总的问题，不要幻想着逃避，要让问题到"我"为止。

你若盛开，清风自来

在生活中，真正的问题不在于我们得到什么，而在于我们做什么。

——托·卡来莱尔

　　有人曾说，世上最遥远的距离不是南极北极，而是从头到脚的距离。头和脚代表的分别是梦想和现实，头用来梦想，脚用来实践，而这中间的距离却是很多人一生都望尘莫及的。

　　有趣的是，不少人把未能实现梦想归咎于外因，满心憧憬着好的结果，脚步却从不曾挪动。试问：你根本没有真正地去努力过，有什么资格和权利去拥有成就呢？没有人能未卜先知，也没有人能完全预测行动能带来什么，但有一点是肯定的，有些事情做了不一定会成功，还可能会受到诸多阻碍，可若不去尝试、不去行动、不去付出，就永远没有成功的机会。

　　五十年前，英国一个幼儿园的 31 位孩子写了一次作文，名为《未来我是……》。一个叫戴维的盲童，在作文里写道，未来的他是英国的内阁大臣，因为至今为止还没有盲人进入内阁。从那时起，他就把这个想法存在了脑海里，一天也没有放弃过努力。

　　五十年后，他成功了，果然成了英国第一位盲人大臣。他，就是英国著名的内阁教育大臣布伦克特。布伦克特曾经在英国的《太阳报》撰稿劝勉读者："只要不让年轻时的梦想随岁月飘逝，成功总有一天会出现在你的面前。"

　　很多时候，我们总是给自己假设了太多的困难，却没有为目标真正地行动过、付出过。这就好比一则故事里讲到的那样，终日烧香拜佛请求神明保佑，让自己能有机会中大奖，可实际上却一张彩票也没买过。再好的想法，也不可能通过思考来达到，如果没有行动，任何人也帮不了你，哪怕他真的具备促成你的条件。

在举办1996年奥运会之前，并没有多少人知道美国的亚特兰大市，能够通过奥运会让全世界的人认识它，比利·佩恩功不可没，他为这件事付出了巨大的努力。

1987年，比利·佩恩萌生了申办奥运会的想法，可当时没有人看好，就连身边最好的朋友，都怀疑他是不是疯了。可他相信，事情总要去做，才能知道到底行不行，在此之前所有的说法，都不过是臆想。

说做就做，他放弃了律师合伙人的职位，全身心地投入这项活动中。他四处奔走，竭尽全力赢得了市长的支持，组成了一个合作小组，用充满激情的演说说服了众多大公司为这个项目投资，并在世界各地巡回演讲。每到一个地方，他就组织一个"亚特兰大房舍"，邀请国际奥委会的代表共进晚餐，以此加深他们对亚特兰大的了解。

随着时间的积累和坚持不懈的努力，终于在1990年9月18日，比利·佩恩和他的伙伴们用行动和努力赢得了回报，国际奥委会打破了传统的做法和惯例，将1996年奥运会的主办权交给了第一次提出申请的美国城市亚特兰大。

比利·佩恩的内心始终秉承着这样一个观点："我不喜欢周围消极的人，我们不需要有人经常提醒我们成功的可能性不大；我们需要那些积极向我们提供策略和解决问题方法的人。我们最终实际上是靠自己来做事，并且我们有意识地做出决定要从自己的失败中学习到经验和教训。"

亚特兰大申奥成功，离不开比利·佩恩的这种信念。他始终在用行动去证明自己，而不是听信谁的预言。工作也是一样，比尔·盖茨说过："你能够使成功成为你生活中的组成部分，你能够使昨日的理想成为今天的现实，但是必须动手去做才能让你的理想实现。天下没有免费的午餐。"

美国一家大型的贸易公司赶上周期性的贸易淡季，从年初到七月份，贸易额连续下降了十几个百分点，业务员们士气受挫，没有了积极性，老板想了不少激励办法，可结果都不太好。公司陷入现金流危机，老板心焦如焚。

八月底，公司举办了一次大型的贸易促销会，老板希望能缓解公司的状况。与此同时，这也是一场严峻的挑战，倘若这次贸易促销会不能签下几个大单，到年底的话，公司很有可能会破产。在促销会开幕的前两天，老板决定召开一次动员大会，以增士气。

在动员大会即将结束的时候，老板请在座的经理和业务员全都站起来，看看自己的座椅底下有什么东西。结果，大家惊奇地发现，每个椅子下面都有钱，少则1美元，多则100美元。老板说："这些钱都归你们，但你们知道为何要这样吗？"大家面面相觑，没有人能猜出原因。

最后，老板严肃地说："我只想告诉大家一件事，坐着不动永远也赚不到钱，我需要你们擦亮眼睛，去发现隐藏在你们身边的商机。"话音一落，全场响起了雷鸣般的掌声。结果，在那次国际性的贸易促销会上，这家公司签了多笔订单。那天，公司里的业务员几乎都想尽办法去挖掘自己所能获得的商机。

我们总是埋怨好机遇跟自己无缘，却不知道，其实是自己没有站起来去抓机遇，一直都在等它主动降临。执行最本质的东西，就是行动！不管你的理想抱负有多大，不管你思考的水平有多高，都不可能通过幻想获得结果。做任何事情都要付诸行动，先得去做了，才有资格去谈收获。

心在哪里收获就在哪里

> 要想获得这个世界上最大的奖赏，你必须像最伟大的开拓者一样，将所拥有的梦想转化为为实现梦想而献身的热情，以此来发展和销售自己的才能。
>
> ——拿破仑·希尔

多年前，有人请教国际著名女演员凯瑟琳·赫本：成功的秘诀是什么？

凯瑟琳·赫本简练地回答道："充满热情，精力充沛。"

其实，不仅仅是在演艺界，热情对成功的助推作用几乎是所有领域中的大亨们的一个共识。爱默生说："没有热情，就别想完成任何伟大的事情。"西点军校将军戴维·格立森更是直接："要想获得这个世界上最大的奖赏，你必须拥有过去最伟大的开拓者所拥有的将梦想转化为全部有价值的献身热情，以此来发展和展示自己的才能。"

回顾现实，我们看到的情景是什么样的呢？真的很可惜，对工作充满热情的员工少之又少，更多的人是这样的状况：早晨醒来一想到要去上班，心里就像塞了一团棉花，磨磨蹭蹭地到了公司后，无精打采地开始一天的工作，直到熬到下班，精神才能振奋起来。走出公司，和朋友聚会娱乐，吐槽一下工作有多么无聊、乏味。如此，周而复始。

有句话说，心在哪里收获就在哪里。你把工作当累赘，从未热情地对待过它，还如何指望它能带给你想要的结果？哈佛大学的一项研究表明：成功、成就和升迁等事宜，85% 都来自于我们的态度，而只有 15% 是源自专业技术。可现实中，多少人花费了 90% 的时间、精力和金钱，去学习那 15% 的成功因素，而对真正重要的因素视而不见。

所有优秀的人都有一个共性，那就是在自己和工作之间，建立了一种亲密的关系。身处岗位时，把全部心思都放在了工作上，不断地发挥着个人的才情，哪怕只是 1% 的事情，也会投入 100% 的热情，体会着大大小小的成就感，一步一个脚印地迈向峰顶。

一位经济学家曾经讲过他的亲身经历：有一回，某商业杂志派了一位摄影师到他家中拍照。早上 10 点左右，摄影师就来了，他一会儿打灯光，一会儿要求经济学家调整姿势，几经摆布的经济学家有点儿不耐烦了，就抱怨说："能不能快一点儿呢？我的时间有限，不想浪费在这些事情上。"

摄影师很年轻，不过 30 岁左右，面对经济学家的怨怼情绪，他显得很平静，依旧我行我素，投入在工作中。整个拍摄过程，持续了五六个小时，直到下午三点多，才满意地收工。

事后，有人问经济学家："您是怎么接纳了对方，允许他占用您宝贵的时间的？"

经济学家略带羞愧地说："这位摄影师的工作态度打动了我。他是一个要求很高的人，不拍到满意的镜头和角度，他是不会罢休的。看他不愠不火、专注工作的样子，我实在不忍心去打消他的热情。那个情景，让我好像看到了自己投入工作中的样子。其实，我们只是职业不同，但内心的态度是一样的。"

热情是实现个人价值最有效的工作方式。只有对自己的愿望充满热情的人，才有可能把愿望变成美好的结果。在职场中，没有人愿意跟一个负能量爆棚的人相处，也没有哪一个老板愿意雇用和提拔一个蔫头耷脑的员工。

联想的招聘官曾经对记者说："从人力资源的角度讲，我们愿意招的联想人首先是一个非常有热情的人：对公司有热情，对技术有热情，对工作有热情。可能在一个具体的工作岗位上你会觉得奇怪，怎么会招这么一个人，他在这个行业涉猎不深。但是他有热情，和他交谈以后，你会受到感染，愿意给他一个机会。"

不要总说对工作没兴趣，找不到成就感。每个人都有无穷的热情和潜力，你认为自己是什么样的人，就能成为什么样的人。积极而强烈的心理暗示，往往能够激发我们的热情，甩掉失败、紧张、沮丧、自卑的情绪。不要说自己对工作没兴趣，如果你愿意去挖掘，总能找到坚持和热爱它的理由。

1924 年 11 月，哈佛大学心理专家梅奥率领研究小组，对美国霍桑工厂进行了一次试验，目的是希望通过改善工作环境等外界因素，找到提升劳动生产效率的途径。他们选了继电器车间的六名女工作为观察对象。在七个阶段的试验中，主持人不断改变照明、工资、午餐、休息时间等因素，希望能发现这些因素与生产率的关系。奇怪的是，无论外在因素怎么变，或高或低，或好或坏，试验组的生产效率一直都在上升。

大家都知道，此结果显然是不具有普遍性的，那为什么会出现这样的情形呢？几经思考，他们才意识到：当那六名女工被抽出来组成一个工作组时，她们意识到了自己是一个特殊的群体，是专心关心的对象。这种受关注的感觉，让她们开始加倍努力，以此来证明自己是优秀的，是值得关注的。另外，这样的特殊位置，让六个女工团结得很紧密，谁都不愿意因为自己的疏忽大意或能力不足，导致集体效率下降，因而合作关系就变得十分默契。个人的微妙心理和积极上进的精神，促使着她们的效率不断提升，无论环境好坏，都不足以影响她们。

这说明什么呢？有些情况下，工作和环境是我们无法选择和回避的，但工作的态度和做事的热情，却全在于自己。如果内心不愿意去做好一件事，再大的外力也无法激发自身的主动性，我们也会不断地找理由为自己开脱，去继续懈怠和消沉。

没有热情，永远不可能在工作中立足和成长，更不会有成功的事业和充实的人生。对我们来说，计较工作的性质和职位的高低，以此衡量是否值得投入，无异于自我限制。换一种方式，用 100% 的热情去做 1% 的事，往往能在"微不足道"中创造出惊人的成绩。

提前5分钟，让自己更出色

当许多人在一条路上徘徊不前时，他们不得不让开一条大路，让那些珍惜时间的人赶到他们的前面去。

——苏格拉底

麦金西曾经说过：时间是世界上一切成就的土壤。时间给空想者痛苦，给创造者幸福。漫漫人生，时间与空间是衡量的维度，然而时间的流逝是悄无声息的，这就需要自己树立时间意识。对于职场人来说，首先要做到守时、不迟到，但仅这一点是远远不够的，你还要把自己的时间比别人调快 5 分钟。

现代生活的快节奏，呼唤着人们的守时意识。名人因为惜时，所以守时。

康德有一次要去拜访一个朋友，约好了时间。他为了不迟到还提前很长时间出发了，但是不幸路上遇到洪水，河上的桥被冲垮了。康德乘坐的马车不能过河，于是他四处找船。但是找了很长时间都没有找到，眼看约会时间就要到了，他就给了附近一个农夫很多钱，把他的房子拆了做一条船渡河，这样约会才没有迟到。

吉米·卡特在担任州长时，有一次，他因公和一位佐治亚州的专员同机外出。早晨七点钟，卡特已在飞机上等候了，只见那位专员正匆匆忙忙地在跑道上奔跑而来。这时飞机正好滑行到跑道上，卡特虽然看到了那个人，还是命令驾驶员准时起飞。"他不能按时到达这里，这实在太遗憾了。"他厉声地说道。

鲁迅曾经讲过："生命是以时间为单位的，浪费别人的时间等于谋财害命，浪费自己的时间等于慢性自杀。"在所有的资源中，唯有时间是不可保存、不可转换，也不能停止的。时间永远是短缺的，它没有弹性，也找不到替代品。做时间的掌舵者，就是要合理地规划自己的时间，提高工作效率，避免陷入"事务主义"。

时间观念反映了一个人的工作态度和生活态度。

柳传志以"自律"在业界享有盛名。他以"管理自己"的方式"感召他人"。守信首先表现在他的守时上，柳传志本人在守时方面的表现让人惊叹。在20多年无数次的大小会议中，他迟到的次数不超过五次。

有一次，柳传志受邀到中国人民大学演讲，为了不迟到，他特意早到半个小时，在会场外坐在车里等待。

2007年上半年，温州商界邀请柳传志前往交流。当时，暴雨侵袭温州，柳传志搭乘的飞机迫降在上海，工作人员建议第二天早晨再乘机飞往温州。柳传志不同意，担心第二天飞机再延误无法准时参会，叫人找来公务车连夜赶路，终于在第二天早上六点赶到了温州。

"凡事预则立，不预则废。""预"的前提是给自己充足的时间去考虑、去规划。我们的方法是把自己的时间拨快5分钟，上班提前5分钟到办公室，开会提前5分钟进入会场。千万不要小看这短短的5分钟，它给你设定的可是一个提前的助跑机会，让你在别人还没启动的时候，就已经开始发力冲刺，不知不觉你就成为工作中最主动的那个人，同时拖延的毛病也在不知不觉中消失。

一年之计在于春，一日之计在于晨。上班的初始状态对人一天的工作状态有极大影响。一到公司就懒懒散散的，提不起精神，一整天都会是这样；一到公司就紧张忙碌，一整天都会闲不下来；一到公司就心烦气躁，一整天都会像吃了炸药。

如何做才能让一整天游刃有余呢？提前5分钟到办公室。这样就不会发生因为堵车而迟到的尴尬，也不会因为迟到而引来上司的不满，从而用从容、愉悦的心态开始一天的工作。当然，提前 5 分钟到办公室的意义并不局限于此。你需要用早到的 5 分钟和上班的前 20 分钟规划好一天的工作。

（1）设置 20 分钟倒计时

一到公司，先设置 20 分钟倒计时，进入专注工作状态的时间边界，就像是赛跑时的"各就位，预备"一样，这 20 分钟结束后，就开始"跑"了。

如果没有这个时间边界会怎么样？

那很容易陷入"时间黑洞"，比如本来想着浏览一下邮件，结果花了 40 分钟处理电子邮件；本想着去倒杯水，结果和同事们在茶水间聊了好久，回来又使劲埋怨自己。

（2）在纸上列出当天的工作计划

一到公司的第一件事不是去工作，而是列计划，很简单，有三步：

第一步：花点儿时间把今天要做的事情写到纸上（用数码工具也可以）。

第二步：标记出最重要的一件事。

第三步：预估时间资源，调整计划。我们往往过高估计自己拥有的时间资源，列出很多当天要完成的事情，结果因为各种状况无法完成，就会产生挫败感。所以建议在列完计划之后，看一看自己的日程表，是不是有一些会议要占用时间？或者今天要沟通的事情比较多？或者今天有事要外出？如果这样的话，就尽量少安排一些待办事项，调整一下自己的计划表。

（3）对重要的事情做任务分解

标记出最重要的那件事，通常是棘手的、麻烦的、不知道该怎么做的。所以，如果你现在不把它搞清楚、弄明白，那今天更没有时间思考应该怎么解决它了！任务分解的目的不仅仅是列出步骤，而是让任务变得具体、明确、可执行。

（4）准备工作环境

高效的环境能成就高效的你。实践下面两个原则，每天早晨只需要花很少的时间来准备工作环境。

原则一：每样物品有固定的位置；

原则二：从哪里拿来就放回哪里去。

总之，把手表、手机、电脑、挂钟……你身边一切计时器的指针往前轻轻拨动五分钟。于是，你会发现，早上上班不再顶着一头乱发气急败坏地冲向打卡机，再也不会出现拉开会议室的门发现领导已经端坐在里面等你的尴尬，去拜访客户再也不用一边赶路一边整理领带或是补妆……一天依然是 24 小时，工作量依然，但你会发现因为这五分钟，自己的工作和心境却从容、自信了很多，表现也更加出色。

善谋者胜，远谋者兴

计划的制订比计划本身更为重要。

——戴尔·麦康基

歌德有一句忠告："匆忙出门，慌忙上马，只能一事无成。"

精悍短小的话语里，隐藏着深奥的学问，他说的就是计划的重要性。不管做什么事，事先都得有计划，不能鲁莽行事。对员工而言，不一定非要实现什么大的目标才制订计划，完成日常的任务，也需要制订计划和方案。

有位管理学家曾用"四只虫子吃苹果"的故事，透彻地分析了做计划的方法。在这里，我们不妨共同回顾一下，掌握一些必要的方法。

第一只虫子，辛苦地爬到苹果树下，它根本不知道这是一棵苹果树，更不知道树上结出的红红的果实就是苹果。它看见其他虫子都往上爬，自己也稀里糊涂地跟着往上爬，没有目的，也没有终点，更不知道自己到底想要什么样的苹果，以及如何去摘取苹果。结果有两种，或是找到大而甜的苹果，幸福地生活着；或是在树叶里迷了路，过着食不果腹的日子。寻找苹果的虫子，绝大多数都是这一种，没想过生命的意义：为什么而努力？

第二只虫子，也爬到了苹果树下。它知道这是苹果树，也确定了自己的目标就是要在这棵树上找到一个大苹果。可它不知道，苹果长在什么地方。它琢磨，这苹果应该长在大枝叶上。于是，它就慢慢地往上爬，遇到分枝的时候，就选择比较粗的树枝继续爬，按照这个标准，它努力了很久，最后终于找到了一个大苹果。它刚想扑上去吃一口，放眼一看，这苹果不是最大的，周围还有很多比它大的苹果；更让它生气的是，要是它上一次选择另外的一个树枝，就能得到一个超大的苹果。

第三只虫子，来到苹果树下时，头脑很清醒，知道自己想要的就是大苹果。它研制了一副望远镜，在开始爬之前，先用望远镜搜寻了一番，瞄准了一个大苹果。同时，它发现从下往上找路时，会遇到很多分枝，有各种不同的爬法。如果从上往下找路时，只有一种爬法。它细心地从苹果所在的位置，由上往下反推到目前所处的位置，记下了这条确定的路径。

然后，它就开始往上爬，遇到分枝时毫不慌张，因为心里很清楚该走哪条路，不必跟着其他虫子去挤。例如，它瞄准的苹果是"教授"，那就该沿着"深造"的路去走；如果目标是"老板"，就该沿着"创业"的路去做。按理说，这只虫子应该会有一个不错的结局，因为它事先有计划。可事实没那么乐观，这条虫子爬得太慢了，当它抵达目的地的时候，那只苹果不是被别的虫子抢先占领了，就是已经熟透而烂掉了。

第四只虫子，和前面三只不一样，它做事有规划，清楚地知道自己想要什么，也知道苹果是怎样长大的。它用望远镜观察苹果，把目标锁定在一个含苞待放的苹果花上。它计算着自己的行程，估计到达的时候，这朵花正好长成一个成熟的大苹果。按照这一计划，它行动了，果不其然，在那颗苹果成熟的时候，它成了第一个拥有者。

从这四只虫子的做法上，管理学家总结出了几条结论：

第一只虫子，没有目标，没有计划，懒惰糊涂，不知道自己想要什么，一辈子庸庸碌碌地活着。生活中的很多人都处于这样的状态中。

第二只虫子，有自己的想法，知道想要什么，但不知道如何实现目标。它只是遵循着习惯去做事，看似走的是正确的路，实则却一点点地偏离了目标，而自己浑然不觉。忙碌了半天，竹篮打水一场空。其实呢，它曾经与正确的选择离得很近，只是未曾发觉。

第三只虫子，有清晰的人生计划，也能做出正确的选择。可惜，它的目标太远大了，而自己的行动却过于缓慢，机会不等人，时间也是有限的。单凭个人的力量，也许一生辛劳，也未必能找到那只苹果。若是制订了合适的计划，再充分利用外界的力量，它很可能就成功了。

第四只虫子，不仅知道自己要什么，还知道如何得到苹果，以及得到苹果需要的各种条件。为了这个目标，它制订了清晰的计划，在望远镜的帮助下，一步步地实现了自己的理想，时间也安排得刚刚好。

细想起来，我们的生活和事业之旅，也和虫子吃苹果的经历差不多，要想做好一件事情，也需要像第四只虫子那样，做好详细的计划，绝不能盲目冲动地行事。科学可执行的计划，犹如火车的轨道，有了轨道，才能安全、快速地前进。

脚踏实地，仰望星空

　　把每一件简单的事做好就是不简单；把每一件平凡的事做好就是不平凡。

——张瑞敏

一个金融专业出身的女孩，顺利地在银行谋得了一份工作。在大多数人看来，这也是一个不错的职业方向，只要坚持做下去，肯定有发展。然而，在工作的第三年，女孩就按捺不住辞职的冲动了。原因是，由于银行组织架构的问题让她迟迟得不到升职，薪水也由于职位的限制一直局限在一个基本的档次。

通过接触我们了解到，女孩对自己的期望值很高，觉着自己有一定的学历、实力背景，理应得到更好的待遇。所以，她不顾周围人的劝告，执意选择了辞职。大概是被以前的企业局限的时间太久了，她刚一离开就迫不及待地想要一个突破性的转变。然而，现实并不如她预想的那么好，每次满怀信心地去尝试新的行业，却屡屡受挫。她不服，想要的得不到，越是得不到越想要，碰壁多次的她变得焦急又浮躁。

当她向人力资源管理师咨询职业规划和发展时，对方告诉她：企业只会为员工的能力和素质买单，尽管你有一定的学历背景，感觉自己的能力也不错，但那都只是感觉。就目前的情况来说，你最缺乏的是核心竞争力。在银行工作的三年里，实际上你掌握的东西并不多，没有给自己一个正确的评价，这才导致你屡屡碰壁。最后，这个人力资源管理师结合外部职场环境因素为她量身打造了下一步的职位，并顺利帮助她在半月后成功谋求到一份适合的工作。

其实，这个女孩很有潜力，领悟能力也很强。尽管后来的这份工作起点有点儿低，但只要她能够摆正心态，不总是望着那些眼下无法企及的位置，踏踏实实地做下去，三五年后她应该会上升到另一个层次，实现职业生涯的一个较大的跨越。

通过这件事，我们想说的是：眼高手低是工作上的一个大忌。许多人都不甘平庸，向往着卓越与成功，恨不得一下子就能跳到自己满意的位置。可现实的经验告诉我们，这根本就是不可能的事。仗要一场一场地打，饭要一口一口地吃，就算是要登上月球，一样也得从地球上出发。

一个家境不富裕的男孩，很想拿到全额奖学金上国外的某所大学。谁都知道，出国留学英语是必过的一关，为了实现自己的目标，男孩找到了一个人，跟他说："我很想到你们的培训班上课，但我没有钱，可不可以这样，暑假的时候我到贵公司兼职做教室管理员（打扫教室、查看学生的听课证），完事后，准许我在教室后面听课。

听起来这似乎是一个很划得来的交易，那个人就答应了他。紧接着，男孩又提出一个要求："如果两个月的兼职工作做得很好，能被评价为优秀的话，能不能给我500块钱的工资买一个随身听。"那人告诉他，要看他的表现再付费。

对男孩来说，兼职是为了获得听课的机会，而把兼职工作做到最好，是为了得到500块钱的报酬，得到报酬是为了买一台随身听，买随身听是为了强化自己的英语水平，为能考上可以提供全额奖学金的外国大学做准备。他非常明白这一系列的关系，所以干活很认真，不但把教室的各个角落都打扫得很干净，且在学生们离开后，他依然要再收拾一遍。时间久了，他的眼光变得很敏锐，教室里的一片纸屑、一点污垢，都逃不过他的双眼。

他的认真劲儿打动了许多人，他们一致认为：这个男孩勤奋、踏实，做事认真。两个月后，那个人信守了承诺，给了男孩1000元的工资。男孩迫不及待地买了随身听，一边听一边掉眼泪，这是他用勤劳换来的收获。

后来呢？给这个男孩机会的人——新东方的 CEO 俞敏洪说："看着他边听边流泪，我知道他被自己的行为感动了，以后肯定有大出息。果不其然，几年后他被耶鲁大学以全额奖学金录取了，现在在美国工作，年薪13.5万美元。"

500元和13.5万美元，差距是多么悬殊啊！看到这里的时候，很多人一定会感叹，但在感叹之余你有没有想过：是什么让他的人生有了这样的逆转？就是他踏踏实实、认认真真地做好了每一件小事！他想上外国的一所大学，于是积极地寻求学习英语的办法，用打扫卫生换得听课的机会，努力把教室打扫得一尘不染，给人留下好的印象，并成功得到了报酬，买了随身听，而后开始背单词、练听力，一点点地提升，直至最后圆了自己的梦。

生活中比这个男孩起点高的人有很多，但不是每个人最终都能获得他这样的成就，个中原因很多，但有一点似乎是雷同的，那就是总把眼光盯着高处，却不愿做好眼下的事。就像多少学英语的人都羡慕俞敏洪今天的成就，也想自创一个培训机构，发展得和新东方一样。曾经，就有学生这样问过俞敏洪，他的回答很简单："你可以先到新东方来打扫卫生，如果你卫生打扫得好，我提升你为卫生部长，如果你卫生部长干得好，你就变成新东方后勤主任，等到你变成后勤主任的时候，我就送你到哈佛大学学习，学习完回来我把后勤行政全部交给你，你就变成后勤行政总裁。第几位？第二位。我'一翘辫子'，你就是总裁了，对不对？"

言辞幽默，却不失道理。从平凡走向卓越，就是这么简单，把你现在做的事情做好，把你的工作当成生命中最重要的事情来对待，成功不会离你太远。

2011年，北京一家化工企业组织新员工进行了一次体能拓展训练。事先将员工分为两组，安排他们分别沿着10千米的路向同一个村庄前进。在计划进行时，特意借此机会做了一项试验。

A组的员工不知道村庄的名字，也不知道路程的远近，只告诉他们跟着向导就行。B组的员工知道村庄的名字、路程，且提前被告知公路上每1千米就有一块里程碑。

结果，A组的人刚走了两三千米就有人开始叫苦，走到一半的时候就有人出现了愤怒的情绪，说"就这么一直走下去，算什么拓展训练""什么时候才能到"。再后来，有人干脆坐在路边不想走了，总之越往后走员工的情绪越低落。

B组的员工不一样，他们一边走一边看里程碑，每缩短1千米大家都觉得更有信心。一路上，他们边走边唱，消除了长途跋涉的枯燥和疲劳，情绪始终很高涨，很快抵达了目的地。

训练结束后，向所有员工揭晓了"秘密"，并告知这样做的本意：人应当有一个明确的目标，而不是盲目地走，如果不知道自己要去哪儿，怎么走都觉得是错的。树立了目标后，也不能指望一口气就抵达，好高骛远、心浮气躁，就会变成行动中的"矮子"。

高远的目标，空空的梦想，会让心变得浮躁。这种慌乱、匆忙和焦急，让人难以沉下心来做好每一天该做的事。我们可能会厌倦，认为现在的工作太平凡，太无趣，根本不值得投入精力去做，于是就变成敷衍了事，推诿应付。每天忙着憧憬心中的梦想，然后抱怨自己怀才不遇，愤愤不平。多数的时间，都陷入满腹牢骚中，愤愤不平。

曾有人这样说过："当你狂躁不安之时，你是一事无成的那一个。当你闷闷不乐之时，你是困难重重的那一个。当你高高在上之时，你是孑然一身、孤独终老的那一个。当你好高骛远之时，你是屡战屡败的那一个。"

人，向来都崇尚理想。有理想固然是好事，但前提是建立在现实的基础上。一个有理想的蚂蚁，理想是将自己变成最优秀的蚂蚁；一头有理想的狮子，理想是把自己变成最优秀的狮子。然而，蚂蚁若想变成狮子，不管怎么努力，都是枉然。

记住：罗马不是一天建成的。学习没有捷径，也无法速成，成功更需要从切实可行的基础做起，脚踏实地地学习，长久地坚持。不管你的能力有多强，也不要为了高而空的理想盲目地追寻，从最基础的事做起，用心对待每一天，把眼前的事做好，戒除浮躁，即便是普通平凡的工作，也可以创造精彩。

糊弄只会回报"三个一"

> 凡事都要脚踏实地去作，不驰于空想，不骛于虚声，而惟以求真的态度作踏实的工夫。以此态度求学，则真理可明，以此态度做事，则功业可就。
>
> ——李大钊

无论生活还是工作，你种下什么样的种子，将来就会收获什么样的果子。或许，话听起来有点儿俗套，但你若总是漫不经心地打发糊弄那些看似不起眼的人和事，现实终会以残酷的一棒让你知道这样做的后果。

一位做策划的女孩讲她亲身经历的一件事。五年前，她在一家营销策划公司上班，当时有朋友找到她，说他们公司想做一个小规模的市场调查。这个调查挺简单的，朋友找了两个人来操作，让女孩为最后的市场调查报告把关，完事后给女孩一笔费用。

这确实是一笔很小的业务，没什么大的问题。然而，报告出来后，女孩明显看出了其中的水分，但她只是做了一些文字加工和改动，就直接交了上去。对她来说，报告上交、拿到报酬，这件事就算结束了。

后来的一天，几位朋友和女孩组成一个项目小组，一起完成广州新开业的一家大型商城的整体营销方案。谁知，对方的业务主管却提出，对女孩的印象很不好，因为他就是女孩上次草草完成的那个市场调查项目的委托人。

因果循环，来得如此之快，女孩无话可说。这件事给她带来了重重一击，也让她清醒了许多。现在回头来看，当时拿到的那点儿费用根本不值一提，可为了这点儿钱，竟给自己带来这么大的负面影响。自那以后，女孩接受了教训：不要打发糊弄任何事，哪怕是不起眼的工作。

现实中类似的事情，还有很多。

某私营公司的老板精明能干，公司员工也都齐心协力。不久前，他招聘了一位新助理，是刚毕业的女大学生。这位新助理性格大大咧咧，做事马马虎虎，资料总是不加整理就交上去，办公桌上的文件也是乱七八糟。老板批评过她几次，可她并没在意，依旧我行我素。结果有一次，老板向她要一份重要的合同，她翻遍了办公桌也没找到。一怒之下，老板辞退了她，从内部提拔了一位做事认真有序的助理，替代了她的职位。

另一位职员赵某，在一家颇有实力的公司做业务。某天早上，销售部门召开了市场调研会，安排他统计一组数据。下午，他就接到了一份会议纪要，这份会议纪要跟他以往看到的同类文件不太一样，除了简短的会议介绍外，还有大量的表格和数据。看到这些详细而琐碎的数据，赵某觉得头大，而主管要求他必须在两天之内完成所有的数据统计，并形成一份书面报告，经过主管部门的评审人评审合格并签字后，交到监控考核处。

赵某心里很清楚，这项工作直接关系着自己的前途。他抓紧时间去做这件事，可按照目前的进度来看，要在两天内完工难度很大。于是，他在经办的过程中，敷衍了事，想着糊弄一下，也许就能过关了。然而，数据交上去后就被主管发现了，结果赵某不仅没得到认可，反倒受了处分，给主管留下了轻浮急躁的印象。

糊弄工作的人，都是自以为很聪明，或许曾经借助一些小方法、小手段蒙混过关，尝到了"甜头"。可是别忘了，粗劣的工作会造成粗劣的生活，工作是生活的一部分，敷衍了事地糊弄，不仅会降低工作质量和效率，还会丧失做事的才能。至于结果？就如员工们经常听到的"三个一工程"，即一无所获，一事无成，一穷二白。

凡事得过且过，对所做的事不用心，对付着做完就行，那么不管你在职场打拼多少年，接触过多少事，只有数量的增加，没有质量的跨越，任何事情都是走马观花，从未真正走进你的内心，那你自然就一无所获。

工作做不到位，没有责任心，经手的每件事都是稀里糊涂，只是为了赚点儿薪水，从没有把工作当成事业，这样的员工有哪个老板会重用？有哪个企业会挽留？今天你糊弄了工作，明天工作也会糊弄你，你不思进取，终将会被取代，结果必然是一事无成。

三天两头换工作，只看眼前的利益，如何能得到丰厚的回报？也许有人会说，给别人打工我没有动力，自己创业我一定会好好干。我不是故意打击这些"有志之士"，如果你给别人做事都做不好，换成自己创业也未必能成功。

道理很简单，做过士兵的元帅，比没做过士兵的元帅，更能带兵打仗。因为，做过士兵的元帅很了解当初做士兵的情况，能够切实地明白士兵的想法和难处。打工和创业也是一样，如果你看不起基层的岗位，只想自己创业做老板，就会陷入高不成低不就的境遇中。因为多数情况下，成功的老板也是从基层做起来的。眼高手低，没有脚踏实地的精神，只想一夜之间赚大钱，最终的结果往往是一穷二白。

对每一位平凡的工作者来说，想要摆脱平庸，不是非要找个机会做惊天动地的大事，只要把你的工作做到位，认真处理每一个细节，时刻抱着一种负责的态度，就会慢慢得到周围人的认可，进而得到更多的发展机会。当你的努力积累到一定程度，你就会从平凡中脱颖而出，甚至抵达一个出乎你意料的高度。

万事敌不过"认真"二字

> 认真是成功的秘诀，粗心是失败的伴侣。
>
> ——童第周

很多在基层做了多年的员工，都曾说过类似这样的话："我不是甘于现状的人，就是没碰到合适的机会……"仔细揣摩，我们会发现，这句话其实是有两层含义的。

不甘于现状，一方面是我们所理解的有志向、有理想、有追求，不愿意一辈子平平庸庸；另一方面则是，不愿意接纳现在的工作和生活，总觉着这不该是自己应有的状况。那么，是谁造成了这样的局面呢？机会！他们把一切归咎于外界的客观因素，强调一定要遇到某个合适的机遇，才能够改变现在的一切。

是这样吗？试想，就算真的有一个合适的机会，他们也未必能如愿以偿。

多少人都在憧憬着功成名就，在事业上有一番作为，不甘庸庸碌碌地过一辈子；多少人在寻找着成功的秘诀，试图在短期内出现逆转人生的可能……很遗憾地告诉大家，这是不可能的事。成功不是某一种品质和某一种行为塑造的，而是多方面因素叠加的结果。当你不甘现状的时候，你有没有反思过：你认真对待过自己的"理想"吗？

世上没有一步登天的事，任何人想要脱颖而出，都不免要走这样一条路：简单的事情认真做！如果连简单的事情都做不好，或是不愿意付出心血认真去做，谈何去处理复杂的事、全局性的事？有谁敢冒险将这样的重担交给你呢？

昔日的同窗跟笔者讲过这样一件事：大学刚毕业时，喜欢写作的他，调入单位办公室做文职。一天晚饭后，单位领导打来电话，询问从总部发往重庆的班车情况。接到电话后，同窗立刻翻出通讯录，询问后连忙给领导回信。

"我问过了，咱们油田总部一所院内就有车。"他对自己的汇报似乎挺满意。这时，领导在电话那头又问："车是几点的呀？"他又赶紧打电话联系，随后告知9点出发。没想到，领导还有疑问："都有什么车？是普通大巴还是客卧？"这边同窗慌里慌张地赶紧联系，最后告诉领导："9点有客卧。"他长舒了一口气，心想着这回总该完事了吧？

万万没想到，领导又发问了："怎么买票呢？提前订还是上车再买？"

"您等会儿，我再问问。"

同窗听见领导在电话那头轻叹一口气，说："得了，我已经到了油田一所院里，我自己去问吧！"说完，就挂了电话。

这本是一件小事，或者说是一次小小的失误，却给这位同窗留下了深刻的教训。他跟我说："如果能认真点儿，当成自己的事去办，就不会让领导觉得自己粗心大意了。这件事提醒了我，不管做什么都不能草率大意，有时你认为不起眼的事，稍微疏忽了一点儿，就会给人留下不靠谱的印象。"

的确如此。何谓认真？认真的首要释义就是严肃对待，绝不苟且。

认真是一种态度。无论身处的岗位是高管还是基层，无论交予的任务是大是小，都要秉持严肃的态度去对待，不因事小而不为，不因事小而马虎。每个人都有理想，都有高远的目标，正因为此，你才更需把精力放在要做的、该做的事情上，积极、正确地去对待自己的工作。否则的话，理想就成了空想，你的不甘现状就成了好高骛远、浮躁不安。

认真是一种责任。在许多老板心目中，优秀的员工不一定要有多高的学历、多丰富的经验、多高超的技能，但是对工作要有认真负责的精神。你将他安置在任何一个岗位上，他都能一丝不苟地执行任务，将公司的事当成自己的事，将公司的兴衰看成自己必须肩负的责任，不推诿、不抱怨、不拖延，这才是真正的优秀。

认真是一种坚守。在一件事上认真很容易，但要认真一辈子，却并不简单。对多数人来说，长年累月都是做着同样的事，从早到晚都是干一样的活，辛苦、枯燥是难免的，面对这样的现实，为什么有人依然能够持之以恒地坚持下去呢？因为，他们内心有一份坚定的理想信念，他们切实地把理想融入了现实中，认真把握每一个工作机会，在平凡的岗位上书写不平凡的人生。

认真是实现理想最坚实的桥梁，更是一个在繁杂职场中立足、无往不利的法宝。把你所有的认真拿出来，放到你的工作中，让所有的人看到你的态度，见识你的才华，你的一丝不苟终会让你的成长道路越走越宽。

"那封信"——各类工作：勇、勤、细、韧，提升职业价值

我代表的是紧急、重要的事情，当然，也可能是一项普普通通的任务。无论我重要与否、紧急与否，我都需要被在规定时间内准确投递出去。这一点，看似简单，但能万无一失地做到很难。罗文把这件简单的事变得伟大，我需要这样的信使。

——"那封信"的独白

责任在8小时之外

一个人若是没有热情，他将一事无成，而热情的基点正是责任心。

——列夫·托尔斯泰

如果你足够细心的话，你会从那些出色的工作者身上发现一个共性：无论环境好坏，无论能力高低，无论任务难易，只

要是与企业有关的一切事务，他们都乐意去承揽、去解决，绝不会因为怕担责任而拒绝，或是逃避。

对工作的热爱，不是两三天的新鲜劲儿，也不是靠高薪来维持，而是时时刻刻把责任装在心里，无论是否有人提醒告知，都会铭记一点：这是我的工作，这是我的责任！

20 多年前，我国有一个代表团到某国洽谈商务。代表团先导的车开得比较快，为了等后面的车队，就停在了高速公路口的一个临时停车场。突然，一辆跑车停在了旁边，下来一对夫妇，他们询问先导是不是车子坏了，需不需要他们的帮助。

这样的情景让先导很感动，但同时也很纳闷：他与这对夫妇只是陌路，他们为何如此热情？后来，先导才知道，原来这对年轻的夫妇是该国某汽车集团的员工，而先导所开的车正是该汽车集团生产的。

回忆起这件事，代表团的工作人员感慨良多："这对夫妇开着跑车，也许是去度假，也许是去处理其他的事情，但无论去哪儿，显然都是在非工作时间、非工作场地，就因为我们停靠在路边的车是他们公司生产的，就对一个与自己工作职责没有任何关系的问题给予高度的关注。显然，他们已经把与公司有关的任何问题都当成了自己的问题，这种对工作的热爱、对工作的责任心，着实令人感动和尊敬。"

其他企业中也不乏有责任感之人，但与这对夫妇相比，许多人的责任心是分时间和地点的：在工作时，在公司里，甚至是在老板或上司的监督之下。下班时间一到，立刻收拾东西离开；走出办公室大门的那一刻，工作就完全被抛在了脑后。更有甚者，对工作的热情完全是在表演，一旦领导离开了视线，就会松懈下来、敷衍应付。

这样的员工，并不是真的热爱工作，心里也没有"责任"二字。说到底，我们每个人都是在为自己工作，而不是为上司、为老板工作。真正的负责，是不管什么时间、什么地点、领导在与不在，都把公司的事当成自己的事，始终如一。

某著名导演曾经讲过这样一件事：有个农村的孩子，从小生长在矿区。他的父亲是从事高危工作的矿工。由于家境不好，读初中时他就背井离乡，到外地半工半读，甚至一度因为没有钱交学费而被迫中途休学。

为了维持生计，他曾在一间牙科诊所找到了一份打扫卫生的工作。诊所里的医生和护士发现，这个孩子很特别，患者前脚刚走，他后脚就拿着拖把来擦地，一天下来，不知道要擦多少次。见他如此辛苦，一位好心的医生提醒他："地板一天拖一次就行了，不用一直拖。"谁料，这孩子却说："诊所铺的是磨石子地板，人走过去就会留下脚印，所以我要不停地擦。"

其实，地板上的脚印并不明显，他完全可以不那么做。诊所里的人都很敬佩他认真的态度，尽管他做的只是打扫卫生而已。

后来，这个孩子的人生也并非一帆风顺，但他始终保持着当年"擦地板"的精神，无论做什么事情都把责任放在心里。

若干年后，这个孩子成了一名导演，并逐渐有了名声。

故事讲到这里，所有人才恍然大悟：原来这是那位名导的亲身经历。通过自己的故事，他告诉所有人："尽管你现在可能只是个端盘子的服务生、洗车的工人，但你要尊敬你的工作。任何时候，都要对你的工作负责。"

笔者曾参观过一家外企的机器制造厂，并在那里目睹了这样一件事：

一个年轻的小伙子，在偌大的车间里认真地捡小零件，身边的同事不停地催促他："你走不走呀？天天费这个劲干吗？工作了一天这么累，还捡这玩意儿干吗？都是没用的东西。再说了，你帮公司捡，公司也不给你钱。弄不好，还会落得一个出力不讨好的下场，有些人说话可难听了。"小伙子笑笑，让同事先走，继续捡他的零件。

这一幕，刚好被笔者和车间的负责人看到。领导问他："别人都下班了，你怎么不走？捡这些没用的小零件做什么呢？"

小伙子说："大家都习惯把这些小零件到处乱扔，不收拾一下车间就太乱了。况且，我觉得一个零件就是一个硬币，扔了怪可惜的，要是都积攒起来，也不少呢！"车间领导点点头，大概是因为当着我的面，并未多说什么。那个小伙子，也继续安静地捡他的零件。

几个月后，笔者再次和该企业的车间领导碰面。席间，他跟我提起了数月前在车间里捡零件的小伙子，问我还有印象吗？我说印象很深刻。他告诉我，最近车间里要选拔一位副手，他正打算提拔这个小伙子。

我想，换成我是车间的领导，也会重用这位年轻人。当别人休息的时候，他在车间里捡别人乱丢的零件，不是为了酬劳，也不是为了作秀，只是出于对工作的认真和负责，对企业的忠诚与热爱。

其实，工作这件事是很公平的，它总是会给愿意付出的人丰厚的回报，无论是职位还是薪水。无论你从事什么工作，身在什么岗位，只要你时刻揣着一颗责任心，就会产生改变一切的力量，在付出的过程中积累经验、赢得赏识，拥有更丰盛的收获。

敢于向"不可能"挑战

志之难也，不在胜人，在自胜。

——韩非子

用豪情以及毅力来实现最初的梦想，用行动以及挑战来提升人生的价值。

2001 年 5 月 20 日，美国一个叫乔治·赫伯特的推销员，成功地将一把斧子推销给了小布什总统。布鲁金斯学会在听闻这一消息后，把刻有"最伟大推销员"的一只金靴子赠予了他。在此之前，获此殊荣的只有 1975 年将一台微型录音机卖给尼克松总统的学员。

布鲁金斯学会成立于 1927 年，该学会有个传统，在每期学员毕业时，都会设计一道难题，让学生们去完成。

在克林顿当政期间，他们出了一道题目：把一条三角裤推销给现任总统。八年的时间里，无数学员绞尽脑汁地思考推销策略，最终都无功而返。在克林顿卸任后，布鲁金斯学会又将题目修改为：把一把斧子推销给小布什总统。

八年前的失败和教训，让许多学员知难而退，有些学员甚至认为，这道毕业实习题会跟上次一样无果而终。现在的总统什么都不缺，就算是缺少，也不需要自己亲自去购买；就算亲自去购买，也不一定赶在自己推销的时候。

就在大家愁眉不展、心灰意冷的时候，乔治·赫伯特没有花费多大力气，就把这件事情做到了。在接受记者采访时，他说："我认为，将一把斧子推销给小布什总统是可能的。因为，他在德克萨斯州有一处农场，里面长着很多树。我给他写了一封信，说：我有幸参观过您的农场，发现里面有许多树，一些已经死掉，木质也变得松软。我想，你一定需要一把小斧头，但从您现在的体型来看，小斧头显然太轻，所以您仍然需要一把锋利的老斧头。现在，我手里正有一把这样的斧头，它是我祖父留下来的，很适合砍伐枯木。如果您有兴趣的话，请按照这封信所留的信箱，给予回复……就这样，他给我汇来了 15 美元。"

在布鲁金斯学会对乔治·赫伯特的成功推销进行表彰时，金靴子奖已经空置了 26 年。这期间，布鲁金斯学会培养了数以万计的百万富翁，之所以没有把金靴子授予他们，不是因为他们的能力不够，而是该学会一直在寻找这样一个人：他不因别人说某个目标无法实现而放弃，不因某件事情难以做到而失去自信。

当乔治·赫伯特的故事在世界各大网站公布后，布鲁金斯学会得到了众多网友的关注。在该学会的网页上，大家看到了这样一句格言：不是因为有些事情难以做到，我们才失去自信，而是因为我们失去了自信，有些事情才显得难以做到。

在布鲁金斯学会的所有学员中，乔治·赫伯特未必是推销能力最强的，也未必是卖出东西最多的，但他敢于向"不可能"挑战。荣耀的战靴，永远属于这样的骑士。

敢于向"不可能"挑战的，还有哈默。

1921 年，美国百万富翁哈默决定开发苏联市场，得知他的想法后，家里人简直被吓坏了，甚至觉得哈默的脑子坏掉了。在美国人眼里，当时去苏联跟到月球探险没什么两样，想都不敢想。哈默不管不顾，坚持要这么做。结果，他拿到了成功的"钥匙"，直到他 70 多岁时，还与苏联签订了一项长达 20 年的 80 亿美元的肥料协定。到了 1974 年，这笔交易又增加到 200 亿美元，包括利用西伯利亚的天然气和石油。

人们大都有一个普遍的弱点，就是用"不可能"作为回避困难的理由。事实上，根本没有什么不可能的事情，所有的"不可能"都只是欺骗自己的一个借口。只要肯充分发挥自己的潜力，敢做别人认为不能做、不可能做的事，就已经成功了60%。那些看似"不可能"完成的工作，只是被人为地"夸大"了。当你静下心来去分析它、梳理它，将其"普通化"之后，往往都能找到合适的解决方案。

话虽如此，可在培训中依然有员工说："这些成功人士的故事，确实挺激励人心的。可事后想想，我就是一个普通人，没有人家那样的能力啊！"他的言外之意就是，世界上所有伟大的成就，都是由"伟人"创造的，是普通人难以企及的。

笔者想告诉大家的是：所有的人间奇迹，都是如你我一般的普通人创造的。人与人的能力差别是极其微小的，真正的差别在于思维和信念。在某些重要的转折事件上，成功的人可能就比他人多了"几分钟"的勇敢和执着。当大家都说"这件事根本不可能完成"的时候，别人都绕路走开了，避免自己心生恐惧，他却恍若未闻、视而不见，坚持去做了。结果，他成功了。

一家会展公司的老板坦言："我们现在最缺乏的人才，就是有奋斗进取精神，敢于向'不可能'完成的工作挑战的人。"从他的语气中，我能够明显感觉到，身为企业领导者对于"职场勇士"的迫切渴望，以及对"职场懦夫"的不满。

绝大多数员工对于高难度的任务，总是避之唯恐不及。从短期来看，避开重任可以暂时地获得安全感，不出任何错误，保住自己的工作；但从长远来看，这种行为却有极大的弊端。在这里，我们不妨用"跳蚤跳高"的实验来做个解释：

统计表明，一般跳蚤跳的高度可达它身体的几百倍，但如果把它放进玻璃瓶中，盖上盖子，让它在弹跳时不断地撞在玻璃盖上，它就会自动调节自己所跳的高度。过一会儿，你就会发现，跳蚤再不会撞击到盖子了，而是在盖子的下面来回地跳动。一段时间后，将玻璃盖子拿走，跳蚤不知道盖子已经去掉了，依然还在原来的高度跳跃。你会惊奇地发现，从此以后，这只跳蚤也只能在这个高度跳跃，再无法跳出玻璃瓶了。

细想想：是跳蚤不具备跳出玻璃瓶的能力吗？显然不是。原因在于，它在经过多次碰撞后，心里已经认定了一个事实：这个瓶子的高度是自己无法逾越的，努力也是徒劳的。

工作的道理与之如出一辙。某人力资源公司研究表明，职场新人在第一年中承担的工作越富有挑战性，工作就越有效率、越有成绩，到了五六年以后仍是如此。如果总试图逃避艰难的工作，或是被一两次的失败吓倒，就会逐渐丧失挑战的勇气，认为自己再怎么做都不可能成功了，而甘愿过起平庸和失败者的生活。

想要实现从优秀到卓越的跨越，首先就得突破心理的瓶颈。

1. 正视"不可能"的任务

艰巨的工作不是洪水猛兽，而是成长的契机。在处理问题的过程中，你可能要承受比别人更多的压力，做出比别人更大的奉献，经受比别人更严酷的考验，甚至会感到痛苦不堪。可你要知道，任何蜕变都是痛苦的，但它会使你的能力和经验迅速得到提升，让你的心态变得更加成熟。当一个人身陷困境的命运关口，往往最能激发自己的潜能，迸发出全身的干劲，甚至做出连自己都吃惊的成就来，也使得自己的信心大大增强。

2. 用成功的愿景去激励自己

接到一份高难度的任务时，不要总去想失败的后果，要去设想成功的喜悦。当你完成了这件棘手的事情后，你的能力定会赢得领导的认可；你的才华会被最大限度地挖掘出来。在积极心态的作用下，即便遇到了困难和阻碍，你也能冷静地去思考、去解决，无论成败，这种迎难而上的精神都会被认同和钦佩。

3. 过滤他人消极的言行

成功的路上，永远少不了否定的声音。如果有人告诉你，那是不可能做到的，那是领导的故意刁难，请过滤掉这些消极的言行。别人嘴里的"不可能"，也许就是你脱颖而出的机会。松下幸之助说过："工作就是不断发现问题，最终解决问题的一个过程。晋升之门将永远为那些随时随地解决问题的人敞开着。"

世上没有不劳而获的事业，没有谁可以不经受磨难就能轻而易举获得成功。做什么事情都会有阻碍和困难，但人的潜力是无穷的，许多看似无路的地方，只要肯寻找，总能够柳暗花明。

怀着积极的心态去挑战生命中的"不可能"吧！

扩大"承担圈"，放大"成功圈"

> 人生须知负责任的苦处，才能知道尽责任的乐趣。
>
> ——梁启超

有一位青年，十年前进入一家大型的跨国汽车公司担任技术工程师。当时，公司每个月都会给他们发一张业绩单，上面列有考核标准，其中包括员工每个月花费多长时间在客户身上、完成了多少任务、解决了多少客户的问题，等等。

有一次，他拿到了业绩单后，仔细地进行了一番研究。手里的业绩单是上个月的业务成绩，也就是说，你现在做的一切，要等到一个月后才能得到反馈和评价，了解自己在整个队伍中所处的水平。他就想：如果能够快速地从数据库里得到这张业绩单的话，岂不是更好？毕竟，从员工的角度来看，能够更快地得到自己工作状况的反馈信息，就能很好地为接下来的工作定位；从管理者的角度来看，也能够更有效地对员工进行调配和督促。

与此同时，他也开始对现有的业绩单设计进行分析。经过观察，他注意到现行的月报表系统过于笼统，并没有考虑到意外情况。当时，技术支持中心只有三四十人，在人员上明显不足，如果遇到新产品发布等原因业务量大增，或是有一两个员工请假，许多工作都会被延误，引发客户的不满。

上述这些问题，在此之前并没有人关注，而他觉得这就是技术中心该做的事。随后他又了解到，当时公司使用的业绩单的规划样式是直接从总部照搬过来的，总部人员众多，在报表上的问题可能没有自己所在的分公司这样突出。想到这里，他决心重新设计业绩单。

在接下来的几周里，他利用休息时间对自己所在公司的整体状况进行了一番了解，利用两个周末设计出了一个具有他所期望的基础功能的业绩报表小程序，并向分公司的领导展示了这个小程序。领导看到，觉得这一设计很有价值，鼓励他继续改进，并在细节方面提供了一些重要的信息。在领导的支持和他自身的努力下，一份新的业绩表诞生了。接着，他又根据实际情况，不断对这张报表进行改进。当这张报表最终定型并投入使用后，公司总部也注意到了它的特别，并尝试在其他分公司推广运用，都取得了不错的成效。

凭借出色的创新性工作，他让公司的高层们认识了自己的品质和潜在的能力，为自己迎来一个重要的升迁机会。现如今，他已经是这家公司总部的一位技术经理，掌管着整个公司的技术设计工作。

每次说起这件事，我都会想到一句话："扩大承担圈，放大成功圈。"如果他对设计工作没有热情，对企业没有归属感，身为设计部普通职员的他，自然就会安心做好该做的事，按时拿到上个月的业绩单，看两眼就甩在一边，继续按部就班做自己的"分内事"。他不会去琢磨业绩单中存在的问题，也不会想到要去改进它，更不会利用自己的休息时间去做这些没人交代、没有薪资的事。

恰恰，他选择了扩大自己的"承担圈"，把"分外事"当成了本职工作一样精心去做。结果，新报表的问世解决了诸多管理中的问题，而他也锻炼并提升了自己在设计方面的才能，并让领导看到了他勤奋、主动的职业精神。最终，他顺利扩大了自己的"成功圈"，从分公司一跃到总部，从普通技术工晋升到技术总工。

　　可能有人会说："慢慢熬着，也未必没有机会。"诚然，论资排辈的问题是存在的，但是别忘了，当你的资历和其他人相当时，谁为公司承担得多、付出得多，谁才是最佳人选。你又如何知道，当你只顾做好分内事时，多少有志于在职场有所建树的人正在主动去扩大自己的"承担圈"呢?

　　不要介意在工作中多做一点儿，更不要找借口去搪塞为什么自己不全力以赴变得优秀。真正的成功，是把勤奋和激情融入每天的工作和生活中。著名投资专家约翰·坦普尔通过大量的观察研究，得出了一个原理——多一盎司定律，即只要比正常多付出一丁点儿就会获得超常的成果（盎司是英美重量单位，一盎司相当于 28 克左右）。

　　当亨利·瑞蒙德在美国《论坛报》做责任编辑时，起初一周只能赚到 6 美元，可他还是坚持每天工作 13~14 个小时，通常都是办公室里的人都走了，只有他一个人在工作。他在日记里这样写道："为了获得成功的机会，我必须比其他人更扎实地工作。当我的伙伴们在剧院时，我必须在房间里；当他们熟睡时，我必须在学习。"就是因为多了这一盎司，后来他成了美国《时代周刊》的总编。

　　同样不吝付出的，还有美国知名出版商乔治·W.齐兹。他12 岁就在费城一家书店做营业员，工作很勤奋，他说："我并不仅仅只做我分内的事，而是努力去做我力所能及的一切工作，并且是一心一意地去做。我想让我的老板承认，我是一个比他想象中更加有用的人。"

在很多人眼里，取得大成就的人是超越常人的。事实上，他们并没有那么神秘莫测。坦普尔曾经指出：取得中等成就的人和取得突出成就的人，几乎做了同样的工作，他们所做出的努力差别很小，只有"一盎司"而已。

无论是商界、艺术界，还是体育界，任何领域中最知名、最优秀的人，跟其他人相比并没有什么大的差别，唯一的不同就是：他们多勤奋、多努力了那么一点儿。谁能让自己多加一盎司，谁就能得到千倍的回报。在力所能及的范围内，主动多做点儿事吧！这不仅是对自己的挑战，也是给自己的机遇。

成长与安逸永远无法共存

> 做你没做过的事情叫成长，做你不愿意做的事情叫改变，做你不敢做的事情叫突破。
>
> ——巴菲特

不畏惧因为内心有骄傲不退让，坚定前行因为有目标。

在怯懦的人眼里，人生处处都存在危险，做什么事情都有风险，以至于总是唯唯诺诺，最终一事无成；在骑士的眼里，危险不过是旅途中的草芥，不足以成为阻碍，所以他们总能一往无前。要想脱颖而出，就得像骑士一样，大胆尝试、突破自我。

　　摩洛·路易斯是美国电视行业的先驱，他的成就来自两次成功的冒险。

　　19 岁那年，摩洛·路易斯跟随家人一起搬到纽约市。稳定下来后，他在一家广告公司里找到了一份跑外勤的工作，每周14 美元。他每天都很辛苦，白天在外面跑业务，晚上六点下班后，还要到哥伦比亚大学上夜校，攻读广告学。有时，他在下课后还要从学校赶回办公室，完成白天没有做完的事情，从晚上 11 点一直工作到凌晨两点是常有的事。

　　一年后，他放弃了广告公司颇有前景的工作，决定独闯一片天，开始了他人生中的第一次冒险。他投身到了一个未知的世界，从事创意开发，主要是劝说各大百货公司通过 CBS 电视公司成为纽约交响乐节目的共同赞助商。当时，电视是个新兴事物，并没有普及，人们很难接受它，这也使得摩洛·路易斯的工作变得异常艰难，几乎所有人都认为他不会成功。

　　不管别人怎么看，摩洛·路易斯依然坚持自己的选择。他信心百倍地劝说着各大百货公司，工作上稍微有了不小的进展，一来他的创意得到了百货公司的认可，二来他提出的策划案也被 CBS 顺利接受。眼看就要成功了，却没想到合约中的一些小问题让整件事泡了汤。

　　摩洛·路易斯并没有泄气，这件事结束后不久，一家公司聘请他担任纽约办事处销售业务部门的负责人，薪水也很客观。摩洛·路易斯同意了，并在这里充分展示了自己的才华。

几年后，摩洛·路易斯再次回到阔别已久的广告业，担任承包华纳影片公司业务的普生智囊公司的副总经理，开始了人生的第二次冒险，投身电视界。结果，他们公司提供的多样化综艺节目为 CBS 带来了巨大的效益。事实上，摩洛·路易斯的这次冒险并不是孤注一掷的，他是看准后才下的赌注。最初的两年，他仅仅是在一档节目中帮忙，是纯义务性的，没想到这档节目大受欢迎，在竞争激烈的电视界堪称奇迹。

人生最大的价值就在于冒险，整个生命就是一场冒险，走得最远的人常是愿意去冒险的人。

洛克菲勒以超强的自信和魄力创建了自己的商业帝国，他曾多次冒着极大的风险欠下巨债，甚至不惜把企业抵押给银行，但最终他还是赢了。在他看来，冒险就是为了创造好运。他曾对自己的儿子约翰说："人生就是不断抵押的过程，为前途我们抵押青春，为幸福我们抵押生命。因为如果你不敢逼近底线，你就输了。为成功我们抵押冒险难道不值得吗？"

摩洛·路易斯和洛克菲勒的成功是难以复制的，但那份敢于冒险的骑士精神却是值得推崇和效仿的。那些固守在原地、过着一成不变的日子、庸庸碌碌地存在于企业中的人，缺乏的就是这种冒险的勇气和魄力，他们畏惧冒险，害怕承担未知的风险。

　　话说回来，风险何处不在呢？你若不想冒险，不想犯错，不想失败，除非什么也不做。可是，一辈子庸庸碌碌，没有尝试过想做的事，没有追求过想要的生活，到了迟暮之年，不觉遗憾吗？与其造成这样的悔恨和遗憾，不如勇敢地去闯荡和探索；与其平庸地过一生，不如做一个敢于冒险的勇士。

　　摩根年少时游历了北美西部和欧洲，并在德国求学，毕业后到邓肯商行任职。生活的磨炼和特有的素质让摩根在邓肯商行做得十分出色。

　　一次，摩根在巴黎到纽约的旅途中，有个陌生人到他的座舱中找他，问道："您是做商品批发的吗？"他察觉出对方很焦急，连忙回答说是。对方一听，说："是这样的，先生，我有一船咖啡急着处理。这些咖啡是一个咖啡商的，他现在破产了，没有办法偿付我的运费，这船咖啡就抵押给了我，可我完全不懂这方面的业务。您能不能买下这船咖啡？很便宜，只要市场价格的一半就行。"

　　摩根盯着对方说："这事很着急吗？"对方点点头，说不然也不会这么便宜就出售，说着还拿出了样品。摩根看了一眼样品，很痛快地就答应买下。他的同伴在一旁小声提醒："摩根先生，谁能保证这一船的咖啡质量都跟样品一样呢？"当时市场经济混乱，坑蒙拐骗的事情时有发生，这样的提醒显然是必要的，仅在买卖咖啡这方面，邓肯商行就遭到了好几次暗算。

"我知道了。这次是不会上当的，我们应当买下，以免这批咖啡落到他人手里。"摩根相信自己的眼力和判断，决心抓住这个难得的机会。他写信给父亲，希望父亲助他一臂之力。在父亲的默许下，摩根买下了这批咖啡。

就在摩根买下这批咖啡后不久，巴西咖啡遭受了霜灾，大幅减产，咖啡价格上升了两三倍。摩根大赚了一笔钱，借助这笔资金，他在华尔街开设了一家属于自己的商行。

不仅创业者和领导者需具备冒险的精神，每一个普普通通的员工，也当具备这样的素质。

美国一家大公司的总裁说得好："冒险精神具备与否，实际上是一个员工思考能力和人格魅力的表现。"一个人的才华和能力，只有通过冒险，通过克服一道道难关才能锻炼和展现出来。安于现状不思进取的人、没有危机感的人、不愿参与竞争和拼搏的人，他得到的奖赏不是成功，而是彻头彻尾的失败。

当你把冒险精神投入工作中去，老板才会感觉到你的努力；当你敢于主动迎接风险的挑战，才能挖掘出自身最大的潜能。

几年前，笔者的侄女讲，她接到了一家公司的邀请，希望她能加入，并提供了一个非常重要的职位，但她拒绝了。我问："为什么要回绝一份富有挑战性的工作呢？"她说："我刚入职没几年，缺乏工作经验，感觉自己无法胜任那份工作，还需要一点儿时间来学习和准备。"

听了她的解释后，我又问她："你现在的这份工作做得怎么样？是不是已经得心应手了？"

她点头默认，我说："在一份已经做得游刃有余的工作中，你接触到的多半都是类似的工作内容，也掌握了一定的处理技巧。这样的状态会让你感到安心和踏实，只是你进步的程度和提升的空间就变得有限了。也许，那份颇有挑战性的工作对你会造成一种压力，但这是正常的，任何人在面对未知的事物时都会感到恐惧，改变就意味着冒险，意味着承担失败的可能，可你有没有想过，当你拿出勇气去接受这份挑战时，不管成败，你都已经向前迈出了一大步。从工作上来说，你踏进了新的领域，接触了新的事物；从心理上来说，你战胜了恐惧，战胜了自我。"

细谈之后，侄女重新做了抉择。她主动打电话给那家公司，说自己已经想好，决定接受他们的邀请。在后来的工作中，她也遇到过不少的麻烦和问题，所幸她的心态还不错，一直秉持积极的姿态去处理。

现在的她，已经是公司得力的中层管理者了，在工作中她时常提醒自己的下属："成长与安逸无法共存，要成长必须敢于冒险。"我想，她说的这番话不单是一句鼓舞士气的口号，更是她亲身体验后的感触和心得。我也相信，在未来的职场生涯中，她可以走得更远。

冒险不是冒进，更不是"赌博"，它是需要技巧的。会冒险的人，看似是突然做出决定，行人所不敢行，其实大都做好了充分的准备，理智而从容。在决定去做一件事前，他们早想到了结果，如：失败了会怎样？最大的损失是什么？如何应对最坏的结局？如何进行风险转化和准备，才能把失败降到最低？当一切事情都已经想通后，他们才会在目标的召唤下勇敢地去做、冒险地去做。

这个世界上，没有一条通往成功的路是没有荆棘、铺满鲜花的，想成功就必须摆脱自我设置的泥潭，跳出恐惧和悲观，勇敢地去冒险。就像洛克菲勒对儿女们说得那样："你正朝着赢得一场伟大人生前进，这是你一直以来的目标，你需要勇敢，再勇敢。"

可怕的不是危机，而是麻木

> 一个人，一个民族，精神上发生危机，恰好表明
> 这个人、这个民族有执拗的精神追求，有自我反省的
> 勇气。可怕的不是危机，而是麻木。
>
> ——周国平

工作已有四年多的小陈，总跟朋友念叨，说自己越来越懒了。刚开始上班时，还挺有激情的，可从去年开始，就发现自

己陷入了瓶颈期，能力没有提高，反应似乎也没以前那么迅速了。他说，如果再这样下去的话，很有可能会被淘汰，毕竟自己从事的软件开发行业，竞争特别激烈，几乎时刻都在变化。

在一家企业做人事工作的陆小姐，也有类似的体会。她大学时读的是英文专业，由于毕业时没找到对口的单位，后来就改变了求职方向，开始从事人力资源方面的工作。公司不属于外企，平常几乎都不用英语，陆小姐也就把自己的"老本行"放下了。前不久，跟同学聚会，才发现其他人的英语能力都有很大的提升，自己有两年的时间没接触英语了，口语能力急剧下降。她心里突然生出了一种恐慌感，生怕将来会把所有学到的东西都忘掉。

为什么现代职场中的很多人，都出现能力退化、热情减弱呢？19世纪末，美国康奈尔大学做了一个经典的实验，它能够恰如其分地解释这个问题。

研究人员捉来一只身体健硕的青蛙，冷不防地把它丢进正在沸腾的水中。滚烫的热水刺激了青蛙的求生本能，它奋力一跳，就逃离了那口要它性命的水锅，成功逃生。

时隔半小时后，工作人员在同样大小的铁锅里放入冷水，把那只死里逃生的青蛙放进去。青蛙在水里游来游去，十分欢乐。殊不知，此时实验人员已经在锅底用炭火慢慢加热。青蛙享受着温水带来的舒适感，丝毫没有意识到即将到来的危机。

渐渐地，锅里的水越来越热，青蛙也感觉有些不妙，可等它意识到水温已经让自己难以忍受时，再想奋力跳出来，它的体力已经不足了，只能全身瘫软地待在水里，等待死亡。

这样的结果，值得深思。青蛙能从沸水里死里逃生，是它意识到了危险，竭尽全力进行了抗争；第二次丧生于温暖，是它从思想上松懈了，不知不觉失去了弹跳的能力。如果它能时刻保持警惕意识，在水刚刚变热时，就迅速跳出，也许就能避免不幸的结局了。

道理都是相通的，我们所处的环境犹如第二口锅里的水，起初是冰冷的，渐渐地我们适应了它，工作也轻车熟路，进入了舒适区，就不愿意再离开。此时，全然没有警惕大环境的改变，更不会想到随着各种状况的增多，会有全新的局面出现，待到那一天真正到来时，才发现自己已经无法适应了，结果惨遭淘汰。

T 毕业于一所专科学校，如今就职于一家合资企业任行政助理一职，他对自己的现状十分满意。而与他一同进入公司的 F 毕业于一所名牌大学，职位和薪水与他差不多。这让 T 感到很庆幸，他总是和朋友说："看看我们部门的 F，学历比我高，家里也有钱。但又怎么样，还不是和我做一样的工作。"

其实，这只是 T 看到的表面现象，在"相同"的背后，还有着很大的不同。F 在工作之余，报读了 MBA 课程，一有时间，她就会看书，并向一些高管求教经验。当 T 得知这一情况时，表现得十分不屑，说没什么必要。

到年终时，公司进行人事调整，只会复印文件、收发快递、做点事务性工作的 T，自然还留在原位；勤奋好学的 F 则被升为行政经理助理。两年后，攻下 MBA 学位的她，又被提升为行政经理。仅仅两年的时间，两个人的前途就拉开了距离。

社会上的佼佼者往往属于富有学习精神且时刻保持危机感的人。毕竟，掌握任何本领都不是一劳永逸的事，只要社会在发展，我们就必须保持警惕，不断完善、不断更新自己的知识和技能。

香港首富李嘉诚在三十岁时，其积累的个人资产已经突破千万，然而他不骄不躁，始终保持危机感，小心翼翼且不声不响地从塑料花大王的身份转变为地产巨子，演绎了商业界的超人传奇；微软总裁比尔·盖茨在三十岁时看到了自己正面临的危机，于是毅然选择与 PC 巨头 IBM 达成合作协议，最终破除万难成就了微软帝国。他经常说："微软公司距离倒闭的时间永远只有 18 个月。"靠着这种忧患意识，微软成了世界上经营最好的公司之一。

一个国家没有危机感，迟早会出问题；一个企业没有危机感，早晚会垮掉；一个人没有危机感，必会遭到淘汰出局。机会和成功永远留给有准备的人，想从平庸者中脱颖而出，拥有不可替代的价值，就应当时刻保持危机感，催促着自己不断进步，在平稳中寻求超越。

不为懒惰找借口

> 人生在勤，不索何获。
>
> ——张 衡

几乎每个人都渴望不平凡，期待着能在工作中出类拔萃，或是成为某个领域内的专家型人物，可现实中，却不是每个人都在为这份心愿尽其所能地付出着。很多员工并不肯承认这一点，而是习惯把完不成任务、做不好工作、达不成心愿的原因归结于"笨"。

一个半年多没有出过单的业务员，垂头丧气地抱怨说："唉，我嘴巴太笨了，不会说话，每次去拜访客户都吃闭门羹。有时，客户提出的一些公司无法满足的条件，我也不知道该怎么拒绝。也许我真的不太合适做销售。"

另一位做前台的女孩说："我也想学点儿专业性的技能，对今后的职业发展很有帮助。我试着买了一些财务方面的教材，可是一看到数字就觉得头大，真怀疑自己能否做这样的工作。后来，我看朋友做速记也不错，就跟她学了一段时间，那些略码太难背了，有时就算记住了，打出来的字还是有很高的错误率。后来，公司事情多，连续加了几次班，就把这个事情给搁下了……现在，还是想学点儿东西，但不知道能学什么。"

那个业务员不知道，世界知名的演讲大师曾经也是一个连讲话都会脸红的人，但最终他能当着千百人的面落落大方地说话，是因为他用了十几年的时间研究说话的艺术，每天不间断地练习。那个前台女孩不知道，要成为某个领域的专家，按每天工作 8 小时、一周工作 5 天计算，至少需要五年的时间。

这个世界上没有笨人，也没有学不会的东西，只有不肯下功夫的懒人。

360 的董事长周鸿祎说过，要成为一个合格的程序员，至少要写 10 万到 15 万行的代码。如果连这个量级的代码都没有达到，就说明你根本不会写程序。在学校里学的那点儿东西，写的那几千行代码的课程设计，根本不算什么。

他也坦言，自己在做编程的时候，比谁都坐得住。别人顶多编两三个小时就得出去透透风、吸根烟，可他坐在那里除了吃饭、喝水，可以十个小时一动不动。编程的时候，如果有人在旁边玩游戏、看电影，他可以做到熟视无睹。

所以，很多人看到的可能只是别人成功的一面，感叹着别人的才能与智慧，却没有看到他们为成功做出的积累。这就好比一个人吃饭，吃到第三碗饭的时候终于觉得饱了，别人就开始琢磨，是不是这第三碗饭有什么特别之处？为什么吃了它就会饱了呢？他们根本不知道，其实人家前面还吃了两碗饭，这才是不容忽视的关键。

职场是一个充满竞争的地方，但不是所有人都站在同一起跑线上，这是我们必须承认的事实。有的人天资聪颖，基础好，学习能力强；有的人起点较低，基础知识薄弱，可这并不意味着，后者会永远落后于前者。一个人在事业上的成功，深受环境、机遇、学识等外部因素的影响，但自身的勤奋与努力更重要。若是总放任自己偷懒，不肯付出努力，就算是天资奇佳的雄鹰，也只能空振双翅；若是勤恳不懈怠，就算是行动迟缓的蜗牛，也能雄踞塔顶。

有一位年轻的保险业务员，个子不高，相貌也不太出众，这些不足之处严重影响了他给客户的第一印象，也让他的销售业绩一度陷入低迷的状态。值得肯定的是，这个小伙子非常乐观，他心想：既然我在外表上存在劣势，那就比别人勤快点儿吧！

为了争取成为销售组的冠军，他把大部分的精力都投入了工作中。早晨 5 点钟起床，查看当天要拜访的客户资料；8 点钟给客户打电话，确定访问时间；8 点半一定就在去往拜访客户的路上；下午 6 点钟下班回家；晚上 8 点后总结一天的拜访情况，找出最有可能成交的潜在客户。周一到周五他基本上都是这样度过的，力求不落后于人；到了周末，别人休息的时候，只要客户允许，他依然会出现在客户面前。

靠着这份勤奋和热忱，他赢得了客户的肯定，许多客户还介绍了朋友过来，这使得他的业绩越来越好，一步步走上了销售小组冠军、季度销售冠军和年度销售冠军的位子。现如今，这个貌不惊人的小伙子，已是这家保险公司的中层了。

不是只有天赋过人才能取得成绩，资历一般却勤奋踏实、从不偷懒的人，也可以达到令人瞩目的高度。就像一个优秀的业务员，口才未必是最出色的，可他一定比其他业务员每天多拜访几个客户；一个技术精湛的工程师，学历未必是最高的，可他一定花了更多的时间研究设备和相关的资料。

一位非常令人尊敬的经济学家，平时研究讲学已极其繁忙，还身兼多家机构的顾问之职，可即便如此，他在最近的两年里竟然独自出版了四本书。为了工作，他每天只睡 6 个小时。可见，再怎么有才华的人，想成就事业，也要付出常人难以想象的代价。至于偷懒，那是绝对不被允许存在的。

当你想去学点儿什么或是提升某方面的能力时，不要总强调各种客观原因的障碍。一个人若真想做成一件事，总能够找到办法；若不想做一件事，总能够找到借口。拿出你的勤奋和努力，打败懒惰和放任，自律会使你成为一个更有毅力、更优秀的人。

不放过任何一个小问题

> 天下大事当于大处着眼，小处下手。
>
> ——曾国藩

多年前的一天，美国通用汽车公司客户服务部收到了一封信，信中写道：

"这是我为同一件事第二次写信，我不会责怪你们没有回信给我，因为我也觉得写这样的信会被人误以为是个疯子，可这的确是事实，我不得不说。

"我家有一个习惯，每天晚餐后都要吃冰激凌，可是冰激凌的口味太多了，我们不得不在每天饭后投票决定选择哪一种口味，然后由我开车去买。但是，自从我买了新的庞蒂亚克（通用旗下的一个品牌车）后，我去买冰激凌的这段路程就出了问题。

"每当我买香草口味的冰激凌时，我从店里出来，车子就无法正常发动。如果买其他口味，车子发动得就很顺利。这件事听起来很奇怪，但事实就是这样，我希望你们能为我解释一下原因。"

看到这封信的时候，客服部的经理半信半疑，但出于负责，他还是派了一位工程师去查看究竟。当工程师找到这位先生时，惊奇地发现写这封信的人，竟是一位事业成功、积极乐观且接受过高等教育的人。

工程师与这位先生见面时，刚好是用完晚餐的时段。于是，两个人就一起坐上那辆庞蒂亚克前往冰激凌店。那天晚上的投票结果是香草口味的冰激凌，果然在买好香草冰激凌回到车上后，车子真的无法正常发动了，跟那位先生在信中描述的情况一模一样。

为了证实不是偶然，工程师在此后的三个晚上都陪同这位先生一起来买冰激凌。第一晚，买巧克力冰激凌，车子正常；第二晚，买草莓冰激凌，车子也安然无恙；第三天，买了香草冰激凌，故障再次出现。

这位很有经验的工程师，当然不相信这位先生的车是对香草的味道过敏。接着，他继续安排相同的行程来观察这个现象，希望能彻底解决问题。他记录整个过程的详细资料，如时间、车子使用油的种类、车子开出及开回的时间……根据资料显示，他得出了一个结论：买香草冰激凌花费的时间比买其他口味的时间要短。

为什么呢？因为，香草冰激凌最畅销，店家为了缩短让顾客等待的时间，就把香草味的冰激凌放在店的前端，而将其他口味的冰激凌放在后端。现在，工程师要解决的疑问是：为什么这辆车从熄火到重新启动的时间较短时，就会出现问题？排除了香草冰激凌的原因后，工程师经过研究试验，很快就想到了可能是"蒸汽锁"的问题。

当这位先生购买其他口味的冰激凌时，由于时间较长，引擎有足够的时间散热，重新发动时就没有太大的问题。但在购买香草口味冰激凌时，由于时间较短，引擎太热，进而无法让"蒸汽锁"有充分的时间散热。

面对这封看似荒唐的来信，如果客户部的经理不予以重视，或是那位工程师偷懒不仔细研究，大概问题的症结就会落在客户身上，认定他无理取闹、神经过敏。庆幸的是，通用的管理层和下属职员并没有忽视客户的心声，愿意花费时间和精力去探寻究竟，哪怕只是一个看起来极小的问题，也秉承着严肃认真的态度。若不是这样，也许庞蒂亚克的技术部门就失去了一次改进车子设计的机会，这是非常可惜的。

现实中就有这样的反面教材。同样是一家大型的汽车生产公司，跟投资方洽谈顺利，只待对方进行实地考察后签合同。然而，就在这个节骨眼上，意外却发生了。

当企业代表到宾馆去接投资商时，大家上车后，企业代表"砰"的一声关上了车门。这时，投资商微微地皱了一下眉头。到了企业的制造基地，企业代表下车后，又是"砰"的一声关上了车门，投资商愣了一下，但什么也没说。考察完毕后，企业代表送投资商回到宾馆，关车门的时候又是"砰"的一声。

几天后，投资商发来消息，说要取消与这家公司的合作。企业代表们苦思冥想，也不知道问题出在哪儿。几经询问，投资商告知："我们要求汽车的每一个细节都必须做到完美，你们生产的汽车，每次关车门时声音都是很大，总需要用力才能关好。"

听到这样的解释，企业代表们很后悔。那辆接送投资商的车，因为一次事故导致车门有些故障，一直懒得去修，总觉着没什么大不了。实际上，他们公司生产的汽车车门没有任何问题。可就因为这么一个小问题，因为自己偷了点儿懒，却给公司带来了巨大的损失。

工作无小事，这句话值得被所有职场人铭记于心。只要是工作中出现了问题，就一定会产生不良影响，不能因为小毛病就偷懒不解决，非要有大问题才当回事。有道是"千里之堤毁于蚁穴"，一些看似无关紧要的小问题恰恰隐藏着大隐患，最明智的做法就是全部解决、不留后患。

无论是企业还是个人，想要比别人优秀，就必须在每一件小事上下功夫。忽视细节的企业，忽略小问题的人，永远难成大器。因为，决定成败的往往是微若沙砾的小事、细节，细节的竞争才是最终和最高的竞争。

优秀的人永远不会抱怨

这本书写得既睿智又直指人心，抱怨就是推开自己想要的东西，如果让这个世界听见了，就会带来更多的坏事给你。

——法国《ELLE》杂志

两年前，做翻译工作的朋友 Y 到美国出差，期间遇到了这样一件事：

那天，Y 带着行李从酒店出来，一辆出租车在他面前停了下来。出租车司机下车，为他打开车门后，递给了他一张精美的宣传卡片，上面写道："我是吉姆，我将您的行李放到后备厢去，您不妨看看我的服务宗旨。"

Y惊讶地看着那张卡片上的文字："在友好的氛围中，将我的客人最快捷、最安全、最省钱地送到目的地。"从业多年，他去过多个国家和城市，但这样的出租车司机和服务宗旨却还是头一次看见。

开车之前，吉姆问Y："您要来一杯咖啡吗？我的保温瓶里有普通咖啡和脱咖啡因的咖啡。"Y觉得新鲜有趣，笑着说："谢谢，我不喝咖啡，只喝软饮料。"吉姆微笑道："没关系，我这儿有普通可乐和健怡可乐，还有橙汁。"Y惊讶得有点儿不知如何接话，停顿了两三秒钟后才说："那就来一罐健怡可乐吧！"

吉姆把可乐递给Y，继续说道："如果您还想看点儿什么，我这里有《华尔街日报》《时代周刊》《体育画报》和《今日美国》。"说着，他又递给Y一张卡片，"您想听音乐广播吗？这是各个音乐台的节目单。"他似乎还嫌这样的服务不够周到，又问车里的空调温度是否合适，并提出了最佳路线的建议。

Y觉得越来越有意思，就问吉姆："你一直是这样为客人服务的吗？"吉姆笑着说："不，我也是最近两年才开始这么做的。之前，我跟其他出租车司机一样，大部分时间都心怀不平，整天在抱怨。直到有一天，我听到广播里介绍一位成功学励志大师的书，里面有一句话打动了我——停止抱怨，你就能在众多的竞争者中脱颖而出。"

这句话让吉姆茅塞顿开，他开始留意其他同行，发现许多出租车都很脏，司机的态度也很恶劣。别人就像一面镜子，让他从另一面看到了自己，他决心要做出一些改变。

没想到，就在改变的第一年，吉姆的收入直接翻了一倍。他告诉 Y 说："今年的收入大概会是以前的四倍之多。现在，几乎都是客人打我的电话预约。我刚刚才送一位客人到酒店，然后就遇到了您。"

当听 Y 讲到出租车司机吉姆的故事时，笔者很羡慕 Y，能够享受这样一次有趣的行程。现实告诉我，坐了多年出租车的我，还从来没有遇到过这样的事情。更多时候，我所碰到的司机不是沉默不语，就是埋怨路况不好，指责其他司机。偶尔遇到点儿爱说爱笑的，也只有少数人流露出对工作和生活的满足。

其实，不光是出租车行业，其他领域的工作者，在心态方面也都存在抱怨的问题。比如，接到任务还没开始做，嘴上就开始抱怨："哎呀，我又得加班了！""我周末又不能休息了""这活儿怎么没完没了啊？"再如，遇到一点儿难题，不先想着怎么解决，就开始嘟囔："真是诸事不顺""怎么这么倒霉？"，等等。

有句话说："面对工作，要么辞职不干，要么闭嘴不言。"既然无论如何都要做事，为什么不试着改变一下心态呢？有时候，就只是改掉一句口头禅，改变看事情的角度，厌烦的事情就会变得不那么糟糕，平凡的人生也会变得不平凡。

我曾就工作心态的问题，拜访过一位 500 强企业的女经理人。回顾自己一路走过的点点滴滴，她是这样说的："如果对现状不满，就设法改变它。如果改变不了事物的本身，就努力改变自己的心态。千万不要抱怨，因为抱怨解决不了任何问题。公司里的每个位置对于企业的生死存亡都起着至关重要的作用，当一个位置的价值得不到充分体现时，就会直接削弱整个企业的生命力。无论你在工作中扮演的是什么样的角色，都要尽力演得最好。"

的确，成功不是追求得来的，而是被改变后的自己主动吸引而来的。不管你现在做什么工作，只要已经开始做了，就不要吝啬勤奋和努力，更不要心猿意马，抱怨连连。在工作中羁绊和束缚我们的，往往不是别人，而是自己。如果你肯适时地改变一下自己，你会发现，那些令你感到"厌烦"的人并没有那么讨厌，而你的职场生涯也可能从此变得一帆风顺了。

做一只爬到金字塔顶的蜗牛

"不耻最后。"即使慢，驰而不息，纵令落后，纵令失败，但一定可以达到他所向往的目标。

——鲁迅

盛装之下，须有一颗坚忍的心。

绝大多数的职场人都曾经历过这样的过程：新鲜—平淡—厌倦。

初入职场，憧憬着美好的前途，对一切充满好奇，渴望在工作中大展拳脚，施展自己的才能；工作一段时间后，发现现实与理想差距很大，未能如想象中那般平步青云、受到器重，心中的激情逐渐褪去，留下的就是平平淡淡；时间再久一点儿，想要的依然没能得到，负面情绪却开始生根发芽，长成不满和抱怨，最终化为厌倦。如果最后不能摆脱厌倦的情绪，就意味着这份工作已经快做到头了。

一家互联网公司常年招聘，福利待遇很好，业务精英的月工资更是高达五位数，每次都会吸引大量跃跃欲试的应聘者，但真正能够留下的、做长久的却非常少。毕竟，他们所销售的不是实实在在的东西，而是一个虚拟的平台，要打动客户很不容易，在你只能够为客户提供一个"愿景"的时候，如何赢得他们的信任是最大的难题。然而，面对充满诱惑力的工资和升职空间，很多踌躇满志、富有激情的年轻人都想挑战一下。

在试用期内，多数业务员都会积极主动地联系业务，电话不离手，就算遭到拒绝和挂机，也可以迅速调整继续寻找下一个意向客户。现实是残酷的，三个月试用期结束后，能出单的人并不多，没有业绩就意味着只能拿到底薪，看着少得可怜的工资，有一部分人就动摇了，想着自己不管严冬酷暑都得在外面奔波，拜访客户，做事的热度就降下来了，甚至起了退缩的念头。出现了这种心态后，他们打电话时会变得犹豫，个人情绪也极易烦躁，特别是遭到严词拒绝时，很可能与对方争吵起来。再往下发展，他们会认为这份工作没有前途，赚到钱的希望太渺茫，就主动离职了。

鉴于这样的现状，这家公司的业务主管每次在给新进员工做培训时，都会告诉他们四个字：剩者为王。他说："在成功这条路上，能够迈出第一步的人很多，但能坚持把这条路走完的人少之又少。于是，走到最后的人就成了赢家，也看到了别人看不到的风景。这就是坚持和不坚持的差别，谁能'剩'下，谁就是'王者'。"

说到这里，我想起了一幅漫画：一个人在挖井找水，先是或深或浅地挖了三口井，可惜没有一口井挖出水来。他下定决心第四口井一定要挖出水来，可在出水前的那一刻，他还是放弃了。到了第五口井时，他只是随便挖了几下，就说这个地方没有水，转身离开了。

这不只是一幅漫画，现实中与之相仿的事情，比比皆是。

在淘金时代的美国，有一个叫鲁宾的人，他卖掉了自己全部家当，到科罗拉多州寻找他的黄金梦。他围着一块地，用十字镐和铁锹进行挖掘。几十天的辛勤劳作后，他看到了闪闪发光的金矿石。要开采矿石必须得有机器，鲁宾手里的钱不够，他只好悄悄地把金矿掩盖好，暗中回家借钱买机器。

费尽周折后，他总算是弄来了机器。没想到，刚进行挖掘就碰到一堆石头。这时候，鲁宾有点儿灰心了，他认为金矿枯竭了，原先所做的一切都白费了。每天不菲的开支给他带来了巨大的精神压力，最后他只好把机器卖给收废品的人，带着行囊回了家乡。

收废品的人请来一位矿业工程师对现场进行勘察，得出结论：目前遇到的是"假脉"，如果再挖一米，就可能遇到金矿。在工程师的指点下，收废品的人继续鲁宾未完成的工作，继续往下挖。果然，他遇到了储量丰富的金矿脉，摇身一变成了百万富翁。回到家乡后的鲁宾，在报纸上看到了这则消息，气得捶胸顿足，追悔莫及。

一位亿万富翁说过："只要专心致志盯住自己的目标而且不犹豫、不走神，我看什么都能做好。就像打井一样，打到一半深度可能没有水，这时你转移方向，就可能前功尽弃，而只要你坚持下去再深挖一下，这口井就能打成。"

失败与成功，往往就是一线之隔。有始无终，做事东拼西凑，草草了事，能有什么成绩？

回头再看开篇时说到的那些为了高薪和前途选择做业务的人，刚开始认准了这份工作，满心欢喜、志在必得，做着做着却发现，事情不是自己当初想象得那样，就没了激情和耐心，并把目光投向了其他的工作。这样的人，在短期内有取得小成就的可能，但从长远来看，最终还是会沦为平庸者甚至是失败者。

工作的成绩不是一两天就能创造出来的，也会遇到各种"石头"，心浮气躁、烦乱不安，往往就会错过好的机遇。很有可能，就在你放弃的那一刻，成功已经近在咫尺了。做任何事情，仅有三分钟的热度是不够的，与短暂的激情相比，长久的坚持更可贵。

歌德曾经说过："世上只有两条路能通往成功的目标并成就伟大的事业，那就是力量和坚韧。"生物学家通过研究证实：世界上能够登上金字塔的动物，除了人类和雄鹰，只有蜗牛。

蜗牛长着一个厚重笨拙的螺旋形外壳，其外壳的主要成分是碳酸钙，十分坚固，既是蜗牛的保护伞，也是保水膜。遇到外敌侵害时，它会把头和柔软的身体缩进壳内，安全避难；风雨来袭时，螺旋壳又能作为保护伞，帮它遮风挡雨。夜晚降临时，它会探出头和身体，依靠触角来感知周围的事物，借助身体分泌的黏液和腹足附着于金字塔的塔壁上，缓缓地向上爬行，一点一点，一天一天，摔下来再爬上去，坚持不懈，最终抵达金字塔的塔尖。

与自然界中的其他动物相比，蜗牛不会飞，不会跑，不会跳，只会缓慢地爬行，可谓是弱势群体。可就是这样一个体积微小、不太起眼的动物，在驮着沉重的外壳的情况下，依靠着执着和坚韧，达到了许多动物望尘莫及的高度。

　　身处这个浮躁的时代，我们都要学会靠认真做好事，靠韧劲做完事，靠气魄做大事。在认真、韧劲和气魄这三大素质中，韧劲是一种长力和耐力，也更考验人的心性。身在职场，如果没有股子勇往直前的韧劲儿，是很难成功的。因为所有的工作、生活基本上都是以重复为基调的，即便是那些看起来风光无限的企业家、高层管理者，也在做着大量重复的工作，与基层员工没有本质的区别，只是重复的内容不同罢了。

　　小溪潺潺，遇到高山险阻，它会绕道而行，最终汇集到江海；种子发芽，遇到巨石阻隔，它会曲茎而长，最终长成参天大树。当你认定了一件事情后，就该毕生用行动来实践自己的信仰、捍卫荣耀，不要再让自己动摇。记住：坚韧从来不负众望，它沉默的力量将随着时间的推移一天天壮大，直到所向披靡，无以抗拒。

走少有人走的路

　　　　不创新，就灭亡。

　　　　　　　　　　　　——亨利·福特

　　没有学习与创新，人生必将波澜不惊。

　　如果你是一个探险家，被困在了茫茫雪山中，食物耗尽，精疲力竭。你靠着仅有的设备与外界取得了联系，寻求援救。可是在茫茫雪海里寻找一个人难度太大了，警方出动了数架直升机，还是没能寻觅到你的踪影。在"弹尽粮绝"的情况下，你获救的希望变得越来越渺茫，面对这样的现实，你该怎么办？

事实上，这不只是一个假设的问题，而是一个真实的案例。

那位被困在雪山上的探险家，最终选择了割肉放血！但他不是要自杀，而是用这种可能会加速死亡的方式引得救援人员的注意，鲜血染红了雪地，在白茫茫的视野中格外显眼。最终，在似乎绝望的困境中，他获救了。

在面临困难的处境时，不能因循守旧、墨守成规、停步不前，要敢于打破常规、解放思想、大胆创新，才有可能创造出新的生机。创新，既是一条生存法则，亦是一条成功智慧。

现代人才的竞争十分激烈，如何才能在众多员工中脱颖而出？如何能紧跟时代的步伐，不被社会淘汰？如何才能在职场中百战百胜，笑傲风云？现实的经验告诉我们：创新！

何谓"创新"？那就是人无我有、人有我优、人优我改！对于员工来说，"创新"意味着打破现有的僵化工作模式，打破经验主义和教条主义，遇到问题多动脑，冲破旧的思路，大胆地开辟新方法、新路径，唯有这样才能做出精品、超越他人，成就企业，成就自己。

哈罗啤酒厂位于布鲁塞尔东郊，无论是厂房建筑还是车间生产设备，都与其他啤酒厂没什么区别。唯一不同的是，这家啤酒厂有一个出色的销售总监杰克，他曾经策划的啤酒文化节轰动了欧洲，如今依然在多个国家盛行。

杰克刚进厂时还不满25岁，他相貌平平、家境贫寒，一直担心自己找不到对象。当他喜欢上了厂里的一个优秀女孩并鼓起勇气表白时，对方却说："我不会看上你这样平庸的男人。"这句话深深刺痛了杰克的自尊心，他发誓要做出一点儿非凡的事情来，证明自己不是无能之辈。可是，至于具体能做点儿什么，他并没有理出头绪。

当时的哈罗啤酒厂效益不太好，虽然也想在电视或报纸上做广告，可因销售的不景气根本拿不出这笔资金。杰克多次建议工厂到电视台做一次演讲或广告，都遭到了拒绝。无奈之下，杰克决定大胆一次，做自己想做的事。

很快，杰克贷款承包了厂里的销售工作，当他正为如何做一个省钱的广告发愁时，他不知不觉走到了布鲁塞尔市中心的于连广场。那天恰好是感恩节，虽然已是深夜，可广场上依旧热闹非凡，场中心撒尿的男孩铜像就是因挽救城市而闻名于世的小英雄于连。人们围绕着铜像尽情地欢乐，一群调皮的孩子用自己喝空的矿泉水瓶去接铜像里"尿"出来的自来水，然后相互泼洒。看到眼前的这幅景象，杰克萌生出一个奇思妙想。

第二天，路过广场的人们发现，于连的"尿"和往常不太一样，它不再是清澈的自来水，而是成了色泽金黄、泡沫泛起的"哈罗啤酒"，铜像旁边有一个大广告牌，上面赫然写道"哈罗啤酒免费品尝"。大家觉得新鲜有趣，纷纷拿着瓶子、杯子排成长队去接啤酒喝。

这个新奇有趣的事件惊动了媒体，电视台、报纸、广播电台争相报道。就这样，杰克没有花费一分钱，就让哈罗啤酒上了报纸和电视。这一年度，哈罗啤酒的销售量、产量大增，比往年跃升了 18 倍。

企业家爱德华曾说："没有创新精神的人是可悲的，他们其实毫无用处。"

听起来似乎有点儿绝对，但它在某种程度上也折射出一个道理：老板喜欢有创新精神的员工，企业需要创新精神。尽管那些服从命令、按部就班的员工具备踏实忠厚的品质，但他们在工作中缺乏主动精神，没有自己的想法，无法给企业带来飞跃性的转折；那些自动自发、有独立思考能力、善于创新的员工，在遇到问题时习惯从另一条路去找方法，纵然不能做到屡次都成功，却让企业有了不同的尝试，给领导或其他员工带来启发。

美国的 3M 公司，是世界著名的产品多元化跨国企业。在 3M 公司，流传着一句非常有趣的话："为了发现王子，你必须和无数个青蛙接吻。""与青蛙接吻"的寓意是什么？就是错误和失败。

这句话迎合公司的一项"工程师自主研究"的制度。谁都知道，研发的过程就是不断地探索和创新，期间不免会遭遇各种阻碍和失败，犯各类错误，但其领导人说："在 3M 公司，你有坚持到底的自由，也就是意味着你有不怕犯错、不畏失败的自由。"一个项目失败了，领导层从未考虑过如何惩罚员工，而是让他们在错误中成长，等到下一个项目时，能够巧妙地规避同类错误，增加成功的砝码。

曾经，公司的一位高级负责人，试图尝试开发一种新产品，但中途发生了意外，给公司造成了 1000 万美元的损失。当时，很多人对他的做法都感到不满，甚至有人提出要将其开除。然而，公司的董事长却认为，这次错误不过是创新的"副产品"，是可以被原谅的。如果继续给他工作的机会，他的进取心和才智可能会超过没有经受过挫折的人，相比那些害怕失败而不敢创新的人来说，这样敢于犯错的员工更显珍贵。

在董事长的信任和鼓励下，这位创新失败的高级负责人不但没有被开除，反而更加受重视。汲取了上次失败的教训，他重新进行实验开发，最终获得了成功，为公司做出了卓越的贡献。

这种宽容错误和失败的心态，从高层领导一直传递到最底层的员工。多年来，3M 从来没有因为"员工希望多做点儿事情，结果没有做好"而惩罚他们，而那些庸庸碌碌，麻木地"做一天和尚撞一天钟"的人，却是裁员时的首选。

创新精神不是与生俱来的，创新能力也不可能像神话中所描绘的那样会在某天早上突然降临到你的身上，它与个人的工作方式密切相关，是逐渐培养起来的。

1.充分发挥想象力

一个建筑公司的员工找经理报销买小白鼠的钱，经理百思不得其解。员工告知，前两天装修的房子需要更换电线，而电线在一根直径只有 2.5 厘米、长 10 米的管道里，且管道被砌在砖墙里，还拐了 4 个弯，靠人来穿线几乎是不可能的。于是，他买了两个小白鼠，一公一母，把一根线绑在公鼠身上，并把它放到管子的一端；把母鼠放在管子的另一端，想办法逗它叫，吸引公鼠向它跑去。公鼠沿着管道奔跑时，系在它身上的那根线也就被拖进了管道。

没有解决不了的问题，只有不肯想办法去解决的人。在面对一些无法按照常规模式解决的问题时，就要充分发挥想象力，用特别的方式去处理。要丰富想象力，平日里就要多读书，开阔视野，积累知识。

2.走少有人走的路

爱因斯坦在苏黎世联邦大学读书时，曾问自己的导师明科夫斯基："我怎么做才能在科学界留下自己的光辉足迹？"明科夫斯基一时间不知如何作答，直到三天后，他把爱因斯坦拉到了一处建筑工地，不顾工人的呵斥，踏上了刚刚铺平的水泥路，并说："只有未被开垦的领域，只有尚未凝固的地方，才能留下脚印。那些被前人踏过无数次的地面，别想再踏出属于你的路来。"

这句话让爱因斯坦如梦初醒，在后来的科学之路上，他一直留意着别人未曾在意过的东西，对诸多传统说法提出质疑，大胆创新，最终在人类的科学史上留下了自己的足迹。

循着别人走过的路，很难留下自己的脚印，只有勇敢地去怀疑和实践，走少有人走的路，才能发现未知的领域，有不一样的收获。

3. 不要被经验束缚

一艘远洋轮船不幸触礁，幸存的九个船员在海上漂泊几日后，登上一座孤岛。岛上一片荒芜，没有可吃的东西，也没有任何溪流。烈日当空，船员们口渴难耐，看着眼前一望无际的大海，既想喝却又不敢喝。

几天过后，其中的八个船员被渴死在孤岛。剩下的那个幸存者，在饥渴与恐惧的包围下，跳进了海里。他大口大口地喝着海水，却没想到那海水竟然是甘甜的！他以为自己会死掉，不曾想却活了下来，在获救之前的几天，他一直靠喝岛边的海水度日。后来，人们经过化验得知：这里的海水下面有地下泉水，所以海水变成了泉水。

经验是一座宝藏，可以为人们提供智慧，但经验不是绝对的，在有些情况下非但不奏效，还可能会束缚人的思维。在遇到一些棘手的难题时，应当参考过去的经验，但不要被经验捆绑，在经验无法提供帮助时，就要打破经验，寻找解决问题的新途径。

4. 换个角度思考问题

圆珠笔刚问世时，芯里装的油比较多，往往油还没用完，小圆珠就被磨坏了，弄得使用者满手都是油，很狼狈。为了延长圆珠笔的使用寿命，人们尝试用不少特殊材料来制造圆珠，可问题依然没能得到解决。就在这时，有人转变了思路，把笔芯变小，让它少装些油，让油在珠子没坏之前就用完了。于是问题顺利得到解决。

当你绞尽脑汁也想不出对策的时候，不妨换一个角度去思考。在某些时候，换一种思维，换一个角度，就会有不一样的发现。工作时，多思考你从没想过的解决办法，就可能大大提高工作效率。

说了这么多道理和方法，就是希望每一位员工都能走出囚禁思维的栅栏，突破思维定式。世上没有一定成功的事，也没有注定失败的事，只要你大胆地迈出第一步，敢做一个不向现实妥协而积极创新的骑士，你会离成功越来越近。

自信人生二百年

> 能够使我飘浮于人生的泥沼中而不致陷污的，是
> 我的信心。
>
> ——但丁

张牙舞爪的人，往往是很脆弱的。真正强大的人是自信的，自信就会温和，温和就会坚定。

一个女孩找人力资源管理师做职业咨询，大致是想了解一下，她究竟适不适合做销售。

女孩是专科学历，现在一家软件公司做销售。刚进入公司时，她一心想好好表现自己，干劲十足，也取得了一点儿成绩。渐渐地，她跟部门的同事接触多了，才发现这些业务员大都是名牌大学的硕士、博士，最次也是重点大学的本科生。女孩感到了一股莫名的压力，自己一个专科生，跻身在一群比自己学历高的人中间，似乎有那么点儿"不相配"。

公司每个月都有业绩评比，做得稍微好一些，女孩就会对自己说："这是瞎猫碰上了死耗子，侥幸而已。"落后于别人时，女孩又会对自己说："应该的，人家的学历都比我高，业绩好也是理所当然的。"每次约见大客户时，她总把机会让给同事，觉得人家学历高，去跟那些大老板谈判比较"相配"，如果是自己

去，可能会被人看不起，没必要自讨没趣。

不知从什么时候起，她越来越没有干劲了，每天就在公司里打电话，越来越不敢去约见客户，总怕被人拒绝。当她跟人力资源管理师说出这些困惑的时候，已经流露出想要放弃的想法了。

当局者迷，旁观者清。相信很多人都看出了女孩的症结所在：不是不适合，而是不自信！

有句话说："如果你认为自己行或不行，你常常是正确的。"女孩为什么一开始能够做出成绩？是因为她在头脑中设计了未来的结果，她认为自己能行，潜意识也在朝着这个方向努力，所以她就真的能做出业绩！当她与同事进行比较时发现自己的学历偏低，她在潜意识里认为自己不如别人，在消极意识的作用下，她就有点儿畏首畏尾了，很多事情尚未去做就开始打退堂鼓，这才是使她在业绩上原地踏步的症结。

要让别人看得起自己，你首先要看得起自己。就像一位资深 HR 经理曾对求职者说的那样："不要不敢用眼睛看着我，你不敢瞧我的时候我也瞧不起你。"

同事之间在学历、能力、业绩上存在差距是再正常不过的事，导致这种差距的原因有很多，可能是客观条件不同，也可能是自身努力不够，抑或方法不对。两个正常人在智商上的差距并不大，关键是主观能动性方面有差异，文化水平不高可以弥补，能力不足可以提升，只要你认真去做，没什么不能改变。重要的是，你必须要相信自己并不差，而不是妄自菲薄、自暴自弃。

要么去驾驭生命，要么任凭生命驾驭，你的行为将决定：谁是坐骑，谁是骑士。自信可以化渺小为伟大，化平庸为神奇。去看一看现实中那些成功的骑士们，他们是何等的勇敢和自信吧！

世界著名交响乐指挥家小泽征尔，在一次世界优秀指挥家大赛的决赛中，他按照评委给的乐谱指挥演奏，敏锐地发现了不和谐的音调。最初，他以为是乐队演奏上出现了错误，就停下来重新演奏，可感觉还是不太对劲。于是，他断定是乐谱出了问题，可在场的作曲家和评委会的权威人士都坚持说乐谱没问题。面对众多权威人物的否定，小泽征尔思考片刻后，依然斩钉截铁地说："不，一定是乐谱错了！"话音刚落，评委们立即起身，给他报以热烈的掌声，祝贺他大赛夺魁。原来，这是评委们精心设计的"圈套"，用一张错误的乐谱来检验指挥家的判断力。前两位参加决赛的指挥家，虽然也发现了错误，可最终因随声附和权威们的意见而否定了自己的主张。小泽征尔凭借着自信，摘得了世界指挥家大赛的桂冠。

世界著名的建筑师贝聿铭，64岁时应法国总统邀请，参与卢浮宫的重建工作。他根据自己的理念，在卢浮宫的门口建了一座玻璃的金字塔。当这座玻璃金字塔建起来后，法国舆论一片哗然，恶评如潮，纷纷指责贝聿铭的审美观。在这种情势下，贝聿铭依然坚持自己的审美，认为这座金字塔会给卢浮宫增色，绝不会产生负面影响。事实证明，贝聿铭的判断是正确的。一年以后，到卢浮宫参观的人成倍增长，那座金字塔也已经成了卢浮宫新的一景。多少人感慨，幸好贝聿铭先生没有放弃自己的建筑构思，否则真是一种莫大的损失和遗憾。

美国当代著名的推销员麦克，曾在一家报社当广告业务员，不要薪水只要提成。他列出一份 12 位"不可能"的客户名单，在去拜访前他把这些客户的名字念了 100 遍，并告诉自己："在本月前，你们将向我购买广告版面。"第一周，他和 12 个客户中的 3 个人谈成了交易；第二周，他又谈成了 5 笔；到第一个月的月底，12 个客户中只有 1 个不买他的广告。在第二个月，麦克没有去拜访新客户，每天早上都会去拜访这个不买他广告的客户，而每天得到的是拒绝，直到那个月的最后一天。商人说："你已经浪费了一个月的时间，我想知道，你为何要这么做？"麦克说："我没有浪费时间，我在训练我的自信，你就是我的老师。"商人点头说："你也是我的老师，你教会了我坚持到底，这比金钱更有价值。为了表示感激，我决定买你的一个广告版面，当作我付给你的学费。"

人应当具有骑士精神。骑士精神是什么？就是纵有千万人阻挡，也不会认输和投降。骑士的心，永怀自信，不管遇到什么困难、什么阻碍，都不会停下自己的脚步，勇往直前，不畏不惧。这份自信，超越金钱、势力、出身、亲友的力量，是内心的强大支撑，使人坚信自己的魅力和能力，大胆沉着地处理各种棘手的问题，排除各种障碍、克服各种困难。

曾经，一个培训课上，培训师问过不少年轻的员工："你最想做的人是谁？"答案不尽相同，却很相似，多半都是一些耳熟能详的名人，坐拥财富、名利双收。这样的回答不意外，只是让人觉得有点儿遗憾：为什么不想做自己呢？你应当相信，你和那些名人一样，都是这个世界上最独特的、最伟大的奇迹，你应该加倍地相信自己、珍惜自己。

社会的竞争是激烈的，你优秀，总会有人比你更优秀；你努力，总会有人比你更努力。无论你怎样做，质疑和否定的声音都不会消失。面对近乎残酷的生存环境，唯有昂首挺胸，在刀光剑影的比拼中拥有并保持自信，才能更好地迎接挑战。

那么，怎样才能真正建立起足够的自信呢？

1. 消除自我怀疑

有一位法国士兵从前线归来，把战报呈给拿破仑。由于赶路太急，他的坐骑刚抵达目的地就倒地气绝了。拿破仑随即决定，让士兵骑他的坐骑赶回前线。士兵看着那匹雄壮的坐骑和华丽的马鞍，脱口说道："不，将军，我只是一名士兵，这坐骑太高贵、太好了。"拿破仑说："在法国士兵面前，没有一件东西可以称为太高贵、太好！"

很多员工渴望升职加薪，但在潜意识里又认为，公司高管、职业经理人、年薪百万，这样的字眼与自己是没有关系的。那些"高不可攀"的职务和薪水，只属于高学历、有背景、能力非凡的人。这种自以为卑微的信念，扼杀了许多可以扭转人生的机会。

要建立自信，先得冲破对自我的怀疑，因为怀疑会让你终止自己的努力。只有相信事在人为，愿意为了自己的理想和目标一点点付出辛劳的人，才有可能真正地出类拔萃。许多时候，人的成就并非直接取决于智慧、才能、背景，而是取决于勇气、信心。

2.不要丢失自己

作家杏林子在《现代寓言》中讲到一个"三只耳朵的兔子"的故事，说有一只兔子长了三只耳朵，在同伴中备受嘲讽捉弄，大家都说它是怪物。三耳兔很难过，经常偷偷哭泣。后来，它狠下心把那只多出来的耳朵忍痛割掉了，变得和大家一样，也不再受排挤，它觉得很高兴。然而，时隔不久，它在游玩时误入了另一座森林，它惊奇地发现，那里的兔子竟然全部都是三只耳朵，跟它以前一样！可因为它少了一只耳朵，这里的兔子都嫌弃它，它只好离开了。

每个人的眼光不同，理解事物的角度不同，你不能要求自己与别人完全一样，也不能因为他人的指责而鄙视、轻视自己，更不能迷信于权威而随声附和。须知唯有自己方能真正拥有自己，任何人都不可能成为另一个自己。

3. 每天激励自己

每天对着镜子重复一些充满正能量的话："我很优秀""我有能力出类拔萃""我能让客户信任我""我一定能担起重任"……这些积极的暗示，会增强你对自身能力的肯定和信任，促使你在面对问题时保持正向的思维和积极的态度。

4. 挑战你的恐惧

你渴望站在聚光灯下，却恐惧登上舞台；你期待美丽的爱情，却恐惧遭到拒绝；你羡慕发号施令的企业决策者，却恐惧在人前讲话……你有太多的雄心壮志，却又有同样多的恐惧和顾虑，这道不自信的坎儿，最终将你与成功隔离开来。

要建立自信，就要去尝试做那些令自己感到害怕的事，当你勇敢去做了，你会发现它没那么可怕，而在这一过程中，你就会找回或建立自信。当你尝试的次数多了，自信也就多了。